W0268328

ISW Forschung und Praxis

Berichte aus dem Institut für Steuerungstechnik
der Werkzeugmaschinen und Fertigungseinrichtungen
der Universität Stuttgart

Herausgeber: Prof. Dr.-Ing. Dr. h.c. G. Pritschow

Band 113

Springer-Verlag Berlin Heidelberg GmbH

Ronald Angerbauer

Anwenderorientierte Programmierung fahrerloser Transportsysteme

Springer

D 94

ISBN 978-3-540-61371-8   ISBN 978-3-662-05785-8 (eBook)
DOI: 10.1007/978-3-662-05785-8

Gesamtherstellung: Druckerei Kuhnle, Esslingen
SPIN: 10541244   62/3020-543210

Geleitwort des Herausgebers

In der Reihe „ISW Forschung und Praxis" wird fortlaufend über Forschungsergebnisse des Instituts für Steuerungstechnik der Werkzeugmaschinen und Fertigungseinrichtungen der Universität Stuttgart (ISW) berichtet, das sich in vielfältiger Form mit der Weiterentwicklung des Systems Werkzeugmaschine und anderer Fertigungseinrichtungen beschäftigt. Die Arbeiten dieses Instituts konzentrieren sich im besonderen auf die Bereiche Numerische Steuerungen, Prozeßrechnereinsatz in der Fertigung, Industrierobotertechnik sowie Meß-, Regel- und Antriebssysteme, also auf die aktuellsten Bereiche der Fertigungstechnik. Dabei stehen Grundlagenforschung und anwenderorientierte Entwicklung in einem stetigen Austausch, wodurch ein ständiger Technologietransfer zur Praxis sichergestellt wird.

Die Buchreihe erscheint in zwangloser Folge und stützt sich auf Berichte über abgeschlossene Forschungsarbeiten und Dissertationen. Sie soll dem Ingenieur bei der Weiterbildung dienen und ihm Hilfestellungen zur Lösung spezifischer Probleme geben. Für den Studierenden bietet sie eine Möglichkeit zur Wissensvertiefung. Sie bleibt damit unter erweitertem Namen und neuer Herausgeberschaft unverändert in der bewährten Konzeption, die ihr der Gründer des ISW, der leider allzu früh verstorbene Prof. Dr.-Ing. G. Stute, im Jahre 1972 gegeben hat.

Der Herausgeber dankt der Druckerei für die drucktechnische Betreuung und dem Springer-Verlag für Aufnahme der Reihe in sein Lieferprogramm.

G. Pritschow

Vorwort

Die vorliegende Arbeit entstand während meiner Tätigkeit als wissenschaftlicher Mitarbeiter am Institut für Steuerungstechnik der Werkzeugmaschinen und Fertigungseinrichtungen (ISW) der Universität Stuttgart.

Dem Leiter des ISW, Herrn Prof. Dr.-Ing. Dr. h.c. G. Pritschow gebührt mein besonderer Dank für die Schaffung der Rahmenbedingungen, die für das Gelingen dieser Arbeit wesentlich waren, für seine wohlwollende Förderung und die Übernahme des Hauptberichtes.

Herrn Prof. Dr.-Ing. A. Storr danke ich für die sorgfältige Durchsicht und seine wertvollen Anregungen.

Für die Erstellung des Mitberichtes gilt mein Dank Herrn Prof. Dr.-Ing. habil. Dr. h.c. Prof. E.h. H.-J. Bullinger.

Das kollegiale Umfeld am ISW, geprägt durch den Willen zur Zusammenarbeit und gegenseitigen Unterstützung, hat wesentlich zum Gelingen dieser Arbeit beigetragen. Bei allen Kolleginnen, Kollegen und Studenten, die mich in diesem Sinne unterstützt haben, möchte ich mich ganz herzlich bedanken. Mein besonderer Dank gilt Frau Heinze sowie den Herren Dr.-Ing. C. Daniel, Dipl.-Ing. P. Demel, Dipl.-Ing. G. Hochholzer, Dr.-Ing. W. Schittenhelm und Dr.-Ing. E. Wieland.

Herrn R. Wohlfart danke ich für die technische Unterstützung.

An dieser Stelle möchte ich es nicht versäumen, mich bei meinen Eltern Gerda und Karl Angerbauer ganz herzlich für die liebevolle Förderung meiner Ausbildung bis hin zur Promotion zu bedanken.

Nicht zuletzt will ich mich bei meiner Frau Ursula und meiner Tochter Katrin für den moralischen Rückhalt bedanken und mich für die Zeit entschuldigen, die sie mich entbehren mußten.

Ronald Angerbauer

Inhaltsverzeichnis

Abkürzungen

Abkürzungen, die nur an einer Stelle auftreten und dort erklärt sind, wurden nicht in das Verzeichnis aufgenommen.

API	Application Programming Interface, Programmierschnittstelle für die Entwicklung von Steuerungsmodulen
APT	Automatically Programmed Tools, NC-Programmiersprache und zugehöriges Programmiersystem
BAPS	Bewegungs- und Ablaufprogrammiersprache, Roboterprogrammiersprache der Firma Bosch
CAD	Computer Aided Design
CC	Cell Control, Zellensteuerung
DIN 66025	Norm zum Programmaufbau für numerisch gesteuerte Arbeitsmaschinen
EXAPT	Extended Subset of APT, NC-Programmiersprache und zugehöriges Programmiersystem
FTF	Fahrerloses Transportfahrzeug (engl. AGV Automated Guided Vehicle)
FTS	Fahrerloses Transportsystem, eine Anlage bestehend aus einem oder mehreren fahrerlosen Transportfahrzeugen, einer zentralen Steuerung sowie Einrichtungen zur Navigation, Verkehrsregelung und Kommunikation (engl. AGVS Automated Guided Vehicle System)
GL	Graphical Library, 3D-Grafikbibliothek der Firma Silicon Graphics
ICR	Intermediate Code for Robots, ISO Technical Report 10562: Zwischencode für die Roboterprogrammierung
IGES	Initial Graphics Exchange Specification, Datenformat für den Austausch von Geometriedaten
IR	Industrieroboter
IRDATA	Industrial Robot Data, genormte Schnittstelle zwischen Programmiersystem und Robotersteuerung (DIN E66314)

IRL	Industrial Robot Language, genormte Programmiersprache für Industrieroboter (DIN 66312)
NC	Numerical Control, Numerische Steuerung
OSACA	Open System Architecture for Controls within Automation Systems, Europäisches Verbundprojekt ESPRIT III Nr. 6379
PHIGS	Programmer´s Hierarchical Interactive Graphics System, standardisierte 3D-Grafikbibliothek (ISO 9592)
PTP	Interpolationsart Punkt-zu-Punkt
RC	Robot Control, Robotersteuerung
RDL	Robot Description Language, Sprache zur Modellierung von Robotern
RRS	Realistic Robot Simulation, Schnittstelle zur Integration von Steuerungs-Software in Simulationssysteme
SPS	Speicherprogrammierbare Steuerung
SRCL	Siemens Robot Control Language, Roboterprogrammiersprache der Firma Siemens
TCP/IP	Transmission Control Protocol/Internet Protocol, Netzwerkprotokoll
WOP	Werkstattorientierte Programmierung

1   Einleitung

Fahrerlose Transportsysteme (FTS) sind eine wichtige Komponente zur Automatisierung des innerbetrieblichen Materialflusses /1/. Im praktischen Einsatz finden sich überwiegend FTS mit spurgebundenen fahrerlosen Transportfahrzeugen (FTF) /2/. Der Fahrkurs eines spurgebundenen FTF wird durch eine Leitlinie vorgegeben. Für ihre Festlegung kommen verschiedene physikalische Prinzipien zur Anwendung, wobei die aktive induktive Führung mit einem im Boden verlegten Draht dominiert. Die Verwendung einer Leitlinie ermöglicht die sichere Navigation der FTF mit geringem steuerungstechnischen Aufwand. Die fehlende Flexibilität bei Änderungen in der Anlagenkonfiguration ist jedoch ein großer Nachteil heutiger FTS mit spurgebundenen Fahrzeugen /3/. Dies und die zunehmende Einsatztauglichkeit der zugehörigen Navigationsverfahren sind die Gründe für einen in Zukunft zunehmenden Marktanteil spurungebundener Systeme /4/.

Typische Anwender von FTS waren in der Vergangenheit die Automobilhersteller, die große Anlagen mit einer hohen Zahl an fahrerlosen Transportfahrzeugen (FTF) betreiben. Bei der Realisierung neuer FTS ist eine verstärkte Nachfrage nach Anlagen mit einer kleineren Anzahl von FTF zu verzeichnen /4/. Für die breite Vermarktung von FTS insbesondere auch in kleinen und mittelständischen Betrieben, weisen die heutigen Systeme jedoch eine zu geringe Flexibilität und Offenheit bei zu hohen Anschaffungs- und Folgekosten auf /5/. Sie sind damit gegenüber konventionellen Systemen, beispielsweise manuell bedienten Gabelstaplern, kaum konkurrenzfähig.

Für die Planung und Inbetriebnahme ebenso wie für die spätere Modifikation eines FTS sind das Know-how des Herstellers und die Qualifikation eines Ingenieurs oder Technikers erforderlich /6/. In einem modernen, flexiblen Produktionsbetrieb mit der Notwendigkeit einer kontinuierlichen Verbesserung der Fertigungsabläufe /7/ ist jedoch mit häufigen Änderungen eines FTS zu rechnen. Beispiele hierfür sind /8/:

- Modifikation der Lasthandhabung,
- Veränderung der Sensorfunktionen,
- Hinzunahme bzw. Streichung von Übergabe-, Übernahme- und Haltepunkten,
- Fahrkursänderungen bzw. -erweiterungen sowie
- Beeinflussung der Verkehrsregelungsstruktur.

Diese Änderungen verursachen bei den heute eingesetzten FTS lange Stillstandszeiten und hohe Kosten, die ihren wirtschaftlichen Einsatz in Frage stellen /9/. Eine weitere

Verbreitung dieser Systeme und die Erschließung neuer Einsatzgebiete erfordern daher die Entwicklung von FTS, die auf einfache Weise in Betrieb genommen und an sich verändernde Produktionsbedingungen angepaßt werden können. Seit einigen Jahren beschäftigen sich daher zahlreiche Forschungseinrichtungen und die Hersteller von FTS mit der Entwicklung von spurungebundenen fahrerlosen Transportfahrzeugen und mobilen Robotern. Dabei lassen sich zwei Schwerpunkte feststellen:

- Die Bereitstellung von Navigationstechniken für spurungebundene FTF /10 ... 17/. Im Mittelpunkt steht dabei die Untersuchung verschiedener Sensorsysteme zur Erfassung der Lage und Orientierung eines Fahrzeuges. Die Ergebnisse dieses Forschungsschwerpunktes haben zu ersten Lösungen mit spurungebundenen FTF geführt /18, 19/.
- Die Verwendung von Methoden der Künstlichen Intelligenz zur Entwicklung autonomer FTF und Roboter, die ihre Handlungen selbständig planen /20 ... /24/. Für einen breiten industriellen Einsatz innerhalb der nächsten Jahre sind solche Systeme jedoch ungeeignet, da u.a. ein enormer steuerungstechnischer und sensorischer Aufwand erforderlich ist, der die Fahrzeugkosten in unwirtschaftliche Höhen treibt und die Fähigkeit zur Autonomie zu einem unübersichtlichen und schwer planbaren Materialfluß führt.

Zu wenig Beachtung fand bislang, daß erst leistungsfähige Programmierwerkzeuge zur Definition von Fahrkurs, Fahrzeugaktionen und Verkehrsregelung zur Verfügung gestellt werden müssen, ehe die Flexibilität, die ein spurungebundenes Fahrzeug bietet, in vollem Umfang genutzt werden kann. Aber auch herkömmliche spurgebundene Systeme könnte man damit wesentlich einfacher einrichten und an veränderte Bedingungen anpassen. Da im Gegensatz zur Programmierung anderer Automatisierungskomponenten, wie Werkzeugmaschinen /25/ und Industrierobotern /26/, noch keine ausreichenden Lösungen für FTS verfügbar sind (Bild 1.1), besteht auf diesem Gebiet ein erheblicher Entwicklungsbedarf.

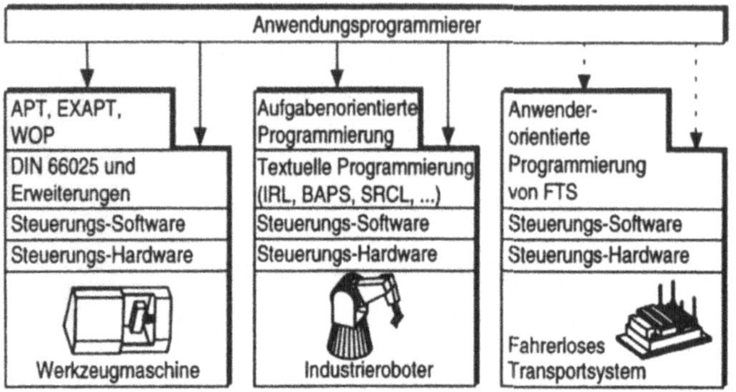

<u>Bild 1.1</u>: Anwenderorientierte Programmierung von FTS in Analogie zur Programmierung von Werkzeugmaschine und Industrieroboter

Das Ziel dieser Arbeit ist es, ein anwenderorientiertes Programmierverfahren für FTS bereitzustellen. Im Blickpunkt steht dabei der Anwender (Betreiber) dieser Systeme, dem es ermöglicht werden soll, sie selbst zu programmieren. Dies umfaßt die oben aufgeführten, häufigen Änderungen einer im Einsatz befindlichen Anlage, die schnell, einfach und ohne den Umweg über den Hersteller des FTS durchführbar sein sollen. Auch die Definition des Fahrkurses einschließlich aller Fahrzeugaktionen und der Verkehrsregelungsstruktur eines neu zu errichtenden Systems soll dem Anwender mit einem durchgängigen Programmierverfahren möglich sein. Damit kann ein FTS mit geringen Kosten geplant, programmiert und getestet sowie im laufenden Betrieb den aktuellen Erfordernissen angepaßt werden. Weitere Kosten können mit einer leistungsfähigen Programmierbarkeit der Handhabung von Lasten durch das FTF bei peripheren Einrichtungen eingespart werden. Ähnliches gilt für die Verkehrsregelung, bei der sich Komponentenkosten durch ein in die Programmierung integriertes Verkehrsregelungskonzept reduzieren lassen.

Der Anwender dient, bei dem zu entwickelnden Programmierverfahren, als Maßstab für die Benutzungsfreundlichkeit. Eine Programmierung der Fahrzeuge durch den Hersteller im Auftrag des Anwenders ist nach wie vor möglich, soll jedoch gegenüber den bisherigen Vorgehensweisen wesentlich vereinfacht werden.

2 Fahrerlose Transportsysteme

Die VDI-Richtlinie 2510 /27/ definiert *fahrerlose Transportsysteme (FTS)* als innerbetriebliche flurgebundene Fördersysteme mit automatisch geführten Fahrzeugen. Die wesentlichen Komponenten eines FTS sind nach dieser Richtlinie fahrerlose Transportfahrzeuge (FTF), Bodenanlage und Steuerung. Für diese Komponenten müssen im folgenden die grundlegenden Begriffsdefinitionen eingeführt werden. Dabei steht der Einsatz eines anwenderorientierten Programmierverfahrens für FTS und seine Randbedingungen im Vordergrund. Es ist anzumerken, daß die *Bodenanlage*, die neben der Navigation auch zur Verkehrsregelung und Kommunikation eingesetzt werden kann, bei modernen Transportfahrzeugen zunehmend durch fortschrittlichere Techniken ersetzt wird. Beispiele hierfür sind Kommunikationseinrichtungen basierend auf Infrarot oder Funk sowie Hilfsmittel zur Navigation, die sich nach wie vor am Boden aber auch seitlich zum Fahrkurs oder an der Hallendecke befinden können. Auf die klassische Bodenanlage muß deshalb nur bei der Betrachtung der Navigationsverfahren, Verkehrsregelung und Kommunikation eingegangen werden.

Neben den drei in der VDI-Richtlinie genannten Komponenten besitzen die für den Einsatz von FTS notwendigen zusätzlichen *peripheren Einrichtungen* (z.B. stationäre Übergabe- und Übernahmeeinrichtungen, automatische Türen und Aufzüge) bzw. der Anpassungsaufwand an solche Systeme eine große Bedeutung für die Wirtschaftlichkeit eines FTS /5/. Um eine Kostensenkung auf diesem Gebiet zu erreichen, ist daher ein Programmierverfahren notwendig, das diesen Anpassungsaufwand deutlich senkt.

2.1 Fahrerlose Transportfahrzeuge

Fahrerlose Transportfahrzeuge (FTF) sind flurgebundene Fördermittel mit eigenem Fahrantrieb, die automatisch geführt und gesteuert einen Materialtransport ausführen. Die wichtigsten Klassifizierungsmerkmale von FTF sind ihr kinematischer Aufbau und die Art der Materialmitführung. Eine umfassende Untersuchung verschiedener kinematischer Konzepte für FTF von linienbeweglichen Dreiradfahrzeugen mit zwei Freiheitsgraden bis hin zu flächenbeweglichen Fahrzeugen mit drei Freiheitsgraden findet sich in /28/.

Hinsichtlich der Materialmitführung unterscheidet man zum einen die lastziehenden FTF, die sich in Anhängerschlepper und Unterfahrschlepper untergliedern, und zum anderen die lasttragenden FTF mit bzw. ohne bodenebener Lasthandhabung. Darüber hinaus ist zu unterscheiden, ob die Lasthandhabung aktiv durch Aktoren des FTF oder passiv, d.h. durch Aktoren der Übergabe- bzw. Übernahmestation erfolgt. Außerdem gibt es noch Sonder-FTF, die keinen Materialtransport im eigentlichen Sinn durchführen. Beispiele hierfür sind mobile Industrieroboter für Handhabungsaufgaben an wechselnden Einsatzorten und Servicefahrzeuge zur automatischen Bodenreinigung. Sind an die Lasthandhabungseinrichtung verschiedene mechanische Hilfsmittel montierbar, so spricht man dabei von Werkzeugen. Ein Beispiel ist der wechselbare Greifer eines Industrieroboters.

Eine Betrachtung der einzelnen Fahrzeugkomponenten wie z.B. Fahrzeugrahmen, Fahrwerk, Warn- oder Sicherheitseinrichtungen findet sich in /27/, /29/, und /30/.

2.2 Navigationsverfahren

Der Begriff Navigation wird im Bereich der FTS mit unterschiedlicher Bedeutung verwendet. Überwiegend wird darunter eine Methode zur Bestimmung der aktuellen Position und teilweise zusätzlich der Orientierung eines Fahrzeuges verstanden /2/. Zum anderen wird dieser Begriff in seiner Bedeutung erweitert benützt und umfaßt zusätzlich die Bahnplanung, d.h. die Bestimmung des Weges zum Zielpunkt /22/. Im Rahmen dieser Arbeit wird die enger gefaßte Definition zu Grunde gelegt. Eine Übersicht der verwendeten Navigationsverfahren zeigt <u>Bild 2.1</u>. *Spurgebundene* Navigationsverfahren nutzen eine passive oder aktive Leitlinie. Sowohl bei der Verwendung von aktiven als auch von passiven Leitlinien ist eine Bodeninstallation, bestehend aus Leitspur, Ortsmarken, induktiven Schaltern usw. erforderlich. Bei *spurungebundenen* Verfahren unterscheidet man zwischen der *kontinuierlichen Referenzierung* über den gesamten Fahrkurs und der *diskreten Referenzierung* an vorgegebenen Punkten.

Die meisten Entwicklungsarbeiten beschäftigten sich zunächst mit Verfahren, denen das Prinzip der kontinuierlichen Referenzierung zugrunde liegt /11, 12, 13, 16/. Diese Verfahren stellen jedoch hohe Anforderungen an die Leistungsfähigkeit von Steuerung und Sensorik und haben sich aus diesem Grunde in der Praxis noch nicht durchsetzen können. Einen vielversprechenden Ansatz stellen spurungebundene diskret referenzierte FTF dar. Das Navigationsprinzip beruht auf einer Kombination von grober Positionserfassung durch ein Koppelnavigationssystem unter Verwendung von Winkelmeßsystemen an den angetriebenen Rädern oder an zusätzlichen Meßrädern mit einer diskreten Erfassung der

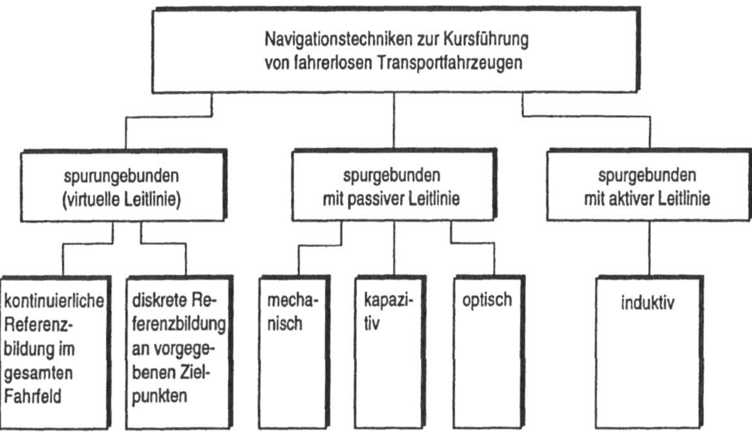

Bild 2.1: Navigationsverfahren zur Kursführung fahrerloser Transportfahrzeuge nach /28/

Absolutposition an sogenannten Referenzpunkten /15/. Der Installationsaufwand für die notwendigen Referenzmarken ist gering. Der Mehraufwand im Vergleich zu spurgebundenen Fahrzeugen bezüglich Sensorik und Steuerungstechnik wird durch Einsparungen von Planungs-, Installations- und Wartungsaufwand mehr als ausgeglichen.

Eine Besonderheit der diskreten Referenzierung ist, daß der Fahrkurs nicht in einem übergeordneten Hallenkoordinatensystem, sondern segmentweise bezüglich lokaler Referenzkoordinatensysteme definiert wird (Bild 2.2). Werden die Transformationen, d.h. die Abstände und Orientierungsänderungen, zwischen den einzelnen lokalen Referenzkoordinatensystemen exakt vermessen, kann der Fahrkurs, wie bei der kontinuierlichen Referenzierung, bezogen auf das übergeordnete Hallenkoordinatensystem bestimmt werden. Dies erfordert jedoch einen hohen Vermessungsaufwand, der den wirtschaftlichen Einsatz dieses Navigationsverfahrens in Frage stellen würde. Aus diesem Grund ist ein Programmierverfahren notwendig, das ohne diesen Zusatzaufwand auskommt.

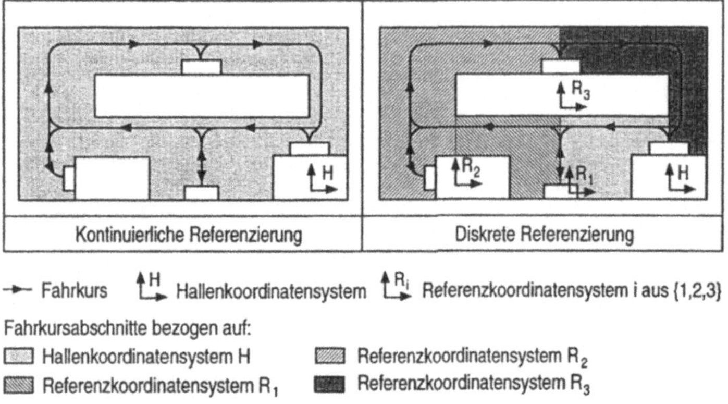

<u>Bild 2.2</u>: Beispiel für den Geometriebezug eines Fahrkurses bei kontinuierlicher und diskreter Referenzierung

2.3   Verkehrsregelung

Die Verkehrsregelung sorgt für die Synchronisierung der Fahrzeuge auf einem vorgegebenen Fahrkurs /27/. Dies umfaßt die Vorfahrtsregelung an Kreuzungen, Einmündungen und Engstellen sowie die Verhinderung von Auffahrunfällen auf der übrigen Fahrstrecke. Das gängige Verfahren zur Verkehrsregelung innerhalb eines FTS ist die *Blockstreckensteuerung /29/*. Sie unterteilt den Fahrkurs in einzelne Abschnitte, die sogenannten *Blockstrecken*. Zu jedem Zeitpunkt darf sich nur ein Fahrzeug innerhalb einer Blockstrecke aufhalten. Vor dem Eintritt eines Fahrzeugs in eine neue Blockstrecke wird überprüft, ob diese Bedingung eingehalten wird. Ist dies nicht der Fall, wird das Fahrzeug abgebremst und gestoppt bis zur Freigabe der angeforderten Blockstrecke. Die Gesamtheit aller Blockstrecken bildet die *Verkehrsregelungsstruktur* eines FTS.

Grundsätzlich ist zwischen einer vollständigen und einer teilweisen Überdeckung des Fahrkurses mit Blockstrecken zu unterscheiden /27/. Bei einer teilweisen Überdeckung des Fahrkurses mit Blockstrecken werden nur an kritischen Bereichen wie Kreuzungen, Einmündungen und Engstellen Blockstrecken eingerichtet. Auf der übrigen Strecke regeln die Fahrzeuge ihren Abstand selbständig über eine sogenannte Eigenblockung mit Hilfe von Sensoren (z.B. Ultraschall). Bei einer vollständigen Überdeckung ist dagegen jeder Punkt des Fahrkurses einer Blockstrecke zugeordnet.

Das Verkehrsregelungskonzept hat einen wesentlichen Einfluß auf den Durchsatz eines FTS, wobei besonderer Augenmerk auf die ausreichende Anzahl von Pufferplätzen beispielsweise vor Übergabe- und Übernahmestationen sowie auf die Vermeidung von Systemverklemmungen (engl. Deadlock) zu richten ist /31/.

In der Praxis wird die Verkehrsregelungsstruktur einer Blockstreckensteuerung meist über eine umfangreiche Bodeninstallation definiert, die sich nur sehr aufwendig einrichten und modifizieren läßt. So sind beispielsweise nach /29/ für eine Verzweigung mindestens 3 Drähte, die von verschiedenen Frequenzen angeregt werden, zwei Magnetschalter, die mit der Blockstreckensteuerung verbunden sind, sowie eine Magnetcodierung im Boden zu installieren. Es ist daher ein Programmierverfahren für FTS notwendig, das diesen Aufwand deutlich reduziert.

2.4   Kommunikation

Hinsichtlich des Informationsaustausches zwischen FTF- und FTS-Steuerung kann man eine Kommunikation an bestimmten Orten und eine Kommunikation an jedem Ort zu jeder Zeit unterscheiden /32/. Im ersten Fall können die Fahrzeuge Informationen nur an definierten Datenübertragungspunkten, beispielsweise Bodeneinrichtungen senden bzw. empfangen. Im zweiten Fall sind die FTF durchgängig über Leitdraht, Infrarot oder Funk erreichbar. Bei einer durchgängigen Erreichbarkeit der FTF wird weiter unterschieden zwischen einer stochastischen Kommunikation je nach Bedarf und einer zyklischen Kommunikation, bei der alle Fahrzeuge nacheinander permanent abgefragt werden /32/. Die Kommunikation kann dabei in allen genannten Fällen sowohl innerhalb der zentralen Ablaufsteuerung eines FTF als auch auf der Ebene des Fahrprogramms erfolgen.

2.5   Steuerungsstruktur eines fahrerlosen Transportsystems und seine Integration in die Fabriksteuerung

Die Steuerung einer Fabrik kann nach /33/ mit einem 7-Schichten-Modell beschrieben werden. Dabei wird die Fabrik als Dienstleistungshierarchie betrachtet, die nach dem Prinzip des beauftragbaren Funktionsblockes strukturiert ist. Beauftragbare Funktionsblöcke sind hierarchisch aufgebaut und bestehen aus einer Ablaufsteuerung und einer Anzahl beauftragbarer Funktionen, die nach dem gleichen Prinzip, wie der beauftragbare Funktionsblock selbst, aufgebaut sind. Die Abgrenzung zwischen den Funktionsblöcken wird bestimmt durch die Forderung nach dem geringsten Kommunikationsbedarf. Damit ergibt sich eine Architektur für ein hierarchisches und zugleich dezentrales Steuerungskonzept mit klar voneinander getrennten Einzelkomponenten. Dieses Modell wird im folgenden zur Beschreibung des steuerungstechnischen Aufbaus eines FTS sowie seiner Integration in eine Fabriksteuerung verwendet (Bild 2.3). Wesentlich ist dabei die Einordnung der Komponenten zur anwenderorientierten Programmierung. Die FTS-Steuerung (E_5 Leitsteuerungsfunktionen) bildet einen Funktionsblock des Leitrechners (E_6 Planungsfunktionen), der wiederum ein Funktionsblock der Fabriksteuerung (E_7 Markt) ist. Wichtige Zellensteuerungsfunktionen der Ebene E_4 einer FTS-Steuerung sind

- Bedienung des FTS (manuelle Transportauftragseingabe, Statusabfragen, etc.),
- Erstellung von Fahrprogrammen sowie ihr Test mit einem Simulationsmodell (Off-line-Programmierung),
- Auftragsvergabe an FTF und Auftragsüberwachung (Auftragsverwaltung),
- Erfassung von Daten zur Kostenkalkulation und Systemoptimierung (Statistik),
- Verkehrsregelung, oft auch Blockstreckensteuerung oder Bereichssteuerung genannt,
- Peripheriekoordination (Türen, Aufzüge, usw.) sowie
- Steuerung der einzelnen FTF (FTF-Steuerungen).

Entsprechend der Programmierung anderer Automatisierungskomponenten, beispielsweise von Werkzeugmaschinen, könnte die Off-line-Programmierung auch den Planungsfunktionen der Ebene E_6 zugeordnet werden. Da jedoch aufgrund der wesentlich geringeren Modellgenauigkeit eine deutlich engere Kopplung zur On-line-Programmierung innerhalb der FTF-Steuerung auf Ebene E_3 erforderlich ist, erfolgt die Einordnung der Off-line-Programmierung in Ebene E_4.

Die wichtigsten Komponenten einer *FTF-Steuerung* sind im Bild 2.3 auf Ebene E_3 (Maschinensteuerungsfunktionen) dargestellt:

- Bedienung des FTF (Manuelle Transportauftragseingabe und -quittierung, Anzeige von Bearbeitungshinweisen, Diagnose, Wartung, etc.),
- Werkzeuge für Erstellung, Test und Ausführung von Fahrprogrammen mit dem FTF sowie seiner Steuerung (On-line-Programmierung),
- Geometriedatenverarbeitung für die Fahrzeugbewegung,
- E/A-Verwaltung zur Ansteuerung der binären bzw. analogen Ein- und Ausgänge sowie der Kommunikationsverbindungen,
- Sensordatenverarbeitung für Kollisionsvermeidung und Navigation.

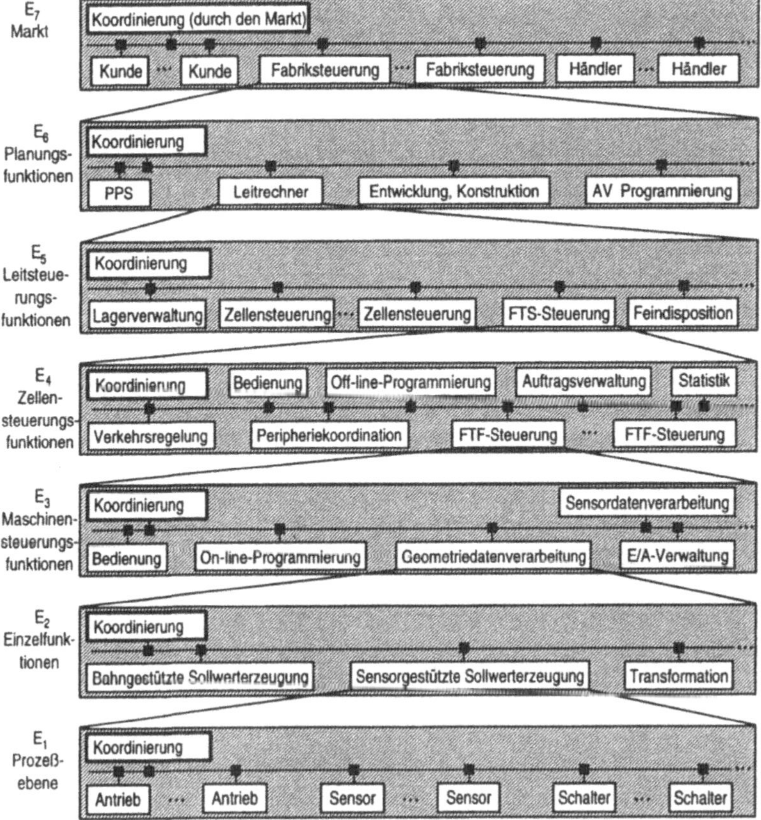

Bild 2.3: Aufbau einer FTS-Steuerung und ihre Integration in die Steuerungshierarchie einer Fabrik

Aus dem Blickpunkt eines anwenderorientierten Programmierverfahrens für FTS ist besonders der Funktionsblock Geometriedatenverarbeitung von Interesse, da er unter der Kontrolle des On-line-Programmiersystems für die Fahrzeugbewegung verantwortlich ist. Wichtige Einzelfunktionen der Geometriedatenverarbeitung sind

- bahngestützte Sollwerterzeugung unabhängig von passiven oder aktiven Leitlinien,
- sensorgestützte Sollwerterzeugung, z.B. bei der Fahrt entlang eines Leitdrahtes,
- Koordinatentransformation zur Umrechnung der Stützpunkte einer Bewegungsbahn von Raumkoordinaten in Achskoordinaten.

Als Beispiel aus der Ebene E_2 ist die sensorgestützte Sollwerterzeugung schließlich in der Prozeßebene E_1 näher beschrieben. Dabei wird u.a. auf die Einzelkomponenten Antriebe, Sensoren und Schalter zugegriffen.

Im Rahmen der vorliegenden Arbeit werden Funktionsblöcke der Ebenen E_4 bis E_1 betrachtet, soweit sie die anwenderorientierte Programmierung von FTS betreffen. Heutige FTS-Steuerungen besitzen auf allen diesen vier Ebenen herstellerspezifische Strukturen. Die Schnittstellen der einzelnen Module sind nicht offengelegt. Als ersten Schritt hin zu offenen Systemen ist ein durch den Anwender nutzbares Programmierverfahren für FTS zu fordern. Die Offenheit hinsichtlich des steuerungstechnischen Aufbaus sollte jedoch wesentlich weiter gehen /34/. In diesem Punkt setzt das ESPRIT-Projekt OSACA (Open System Architecture for Controls within Automation Systems) /35/ neue Maßstäbe. Es definiert eine einheitliche, herstellerneutrale Systemstruktur mit offenen Schnittstellen von der Bedienung bis hin zum Steuerungskern. Die wesentlichen Strukturelemente von OSACA sind eine Steuerungsplattform und die Referenzarchitektur. Die Steuerungsplattform besitzt eine einheitliche Applikationsschnittstelle (API - Application Programming Interface) und bietet dem Entwickler von Steuerungs-Software einen von der verwendeten Hardware und dem Betriebssystem unabhängigen Zugriff auf Standarddienste wie Kommunikation, Datenhaltung, Grafik und Konfigurierung. Die Referenzarchitektur definiert die Strukturierung der Steuerungs-Software in Teilkomponenten sowie ihre objektorientierten, standardisierten Schnittstellen. Sie gewährleistet auf diese Weise die Austauschbarkeit von Software-Komponenten verschiedener Steuerungshersteller. Die Erkenntnisse des OSACA-Projektes, dessen Anwendungsbereich zunächst NC, RC, CC und SPS umfaßt, sollten auch für die Entwicklung künftiger FTS-Steuerungen herangezogen werden.

3   Anwenderorientierte Programmierung fahrerloser Transportsysteme

Als Voraussetzung für die weitere Arbeit ist das Themengebiet der anwenderorientierten Programmierung fahrerloser Transportsysteme genauer zu untersuchen. Dies umfaßt grundlegende Begriffsdefinitionen im Bereich der Programmierung und die Festlegung von Anforderungen als Grundlage für eine anschließende Beurteilung des Standes der Technik. Außerdem ist eine Abgrenzung zu den Entwicklungen im Bereich der Werkzeugmaschinen und Industrieroboter notwendig. Aus diesen Betrachtungen kann dann die Zielsetzung und Vorgehensweise dieser Arbeit abgeleitet werden.

3.1   Begriffsdefinitionen

Ein *Programm* ist eine nach den Regeln der verwendeten Programmiersprache festgelegte syntaktische Einheit aus Anweisungen und Vereinbarungen, welche die zur Lösung einer Aufgabe notwendigen Elemente umfaßt /36/. Unter *Programmierung* versteht man die systematische Erstellung von Programmen. Die Erstellung von grundlegenden Komponenten der Steuerungs-Software, beispielsweise die E/A-Verwaltung, Geometrie- und Sensordatenverarbeitung, wird im folgenden als *Systemprogrammierung* bezeichnet. Ergänzt werden sollte die Systemprogrammierung durch die *anwenderorientierte Programmierung*. Sie hat die anwendungsbezogene Anpassung eines FTS an die jeweiligen Einsatzgegebenheiten zum Ziel. Die dabei verwendete Programmiermethodik wird als *Programmierverfahren* bezeichnet. Ein zentraler Begriff der anwenderorientierten Programmierung ist das *Fahrprogramm*. Dabei handelt es sich um ein Programm, das durch die FTF-Steuerung ausgeführt werden kann. Es ist einem gegebenen Auftrag zugeordnet und spezifiziert die zur Auftragsbearbeitung notwendigen Aktivitäten eines FTF. Unter der *Ausführung* eines Fahrprogramms versteht man seine Umsetzung in Kommandos zur Fahrzeugbewegung, Prozeß-E/A und Kommunikation an die Steuerungskomponenten Bedienung, Geometriedatenverarbeitung, E/A-Verwaltung und Sensordatenverarbeitung.

Ermöglicht wird die anwenderorientierte Programmierung durch ein *Programmiersystem*. Es besteht aus der Festlegung von Programmiersprache und Dateiformaten sowie einigen Programmierwerkzeugen, die den Systemprogrammen zuzuordnen sind (z.B. Übersetzer, Interpreter, Testsystem). Hinsichtlich der gerätetechnischen Zuordnung des Programmiersystems ist zwischen der Nutzung der FTF-Steuerung einschließlich ihres Bedienfelds und der Verwendung eines externen Rechners zu unterscheiden. Im ersten Fall spricht man von einem *On-line-* und im zweiten Fall von einem *Off-line-Pro-*

grammiersystem. Das On-line-Programmiersystem gewährleistet die Maschinensteuerungsfunktion On-line-Programmierung (Erstellung, Test und Ausführung von Fahrprogrammen) der Ebene E_3 im <u>Bild 2.3</u>. Gleiches gilt für das Off-line-Programmiersystem und die Zellensteuerungsfunktion Off-line-Programmierung (Erstellung und Test von Fahrprogrammen) der Ebene E_4. Programmiersprache und Dateiformate sind bei beiden Systemen gleich. Beim Off-line-Programmiersystem tritt ein Simulationsmodell an die Stelle der realen Anlage. Dies ermöglicht die Programmierung vor der Fertigstellung bzw. Modifikationen der Fahrprogramme parallel zum laufenden Betrieb eines FTS. Die Bedienung und Programmerstellung des Off-line-Programmiersystems kann durch den Einsatz von window-orientierten Bedienoberflächen und Grafik komfortabler gestaltet sein.

3.2 Anforderungen

Als Grundlage für die Beurteilung des Stands der Technik müssen als nächstes die Anforderungen an ein anwenderorientiertes Programmierverfahren betrachtet werden. Sie bilden darüber hinaus die Basis für den späteren Entwurf eines anwenderorientierten Programmiersystems und lassen sich in funktionale, ergonomische und organisatorische Anforderungen untergliedern, die im folgenden genauer spezifiziert werden.

3.2.1 Funktionale Anforderungen

Eine weitgehende Anwendbarkeit eines Programmierverfahrens für FTS bedingt folgende funktionalen Anforderungen:

- **Konformität mit dem Aufgabenbereich**
  Die anwenderorientierte Programmierung von FTS muß den folgenden *Aufgabenbereich* abdecken:
  - Festlegung des Fahrkurses der Fahrzeuge eines FTS einschließlich der Topologiedaten, die u.a. Informationen über Kreuzungen, Übergabe- und Übernahmepunkte (Quellen und Senken des Materialflusses) umfassen,
  - Beschreibung sämtlicher Fahrzeugaktionen, insbesondere der Lasthandhabung,
  - anwenderdefinierbares Verhalten im Ausnahme- und Fehlerfall,
  - Definition der Verkehrsregelungsstruktur einer Anlage,
  - Programmbereitstellung für einen gegebenen Fahrauftrag.

- **Beliebige Fahrzeugkinematik**

Eine gleichartige Programmierung von Fahrzeugen mit unterschiedlichem kinematischem Aufbau ist anzustreben. Dabei müssen insbesondere die Unterschiede zwischen linien- und flächenbeweglichen Fahrzeugen beachtet werden. Linienbewegliche Fahrzeuge erfordern u.U. die Spezifikation von Rangierbewegungen, während bei flächenbeweglichen Fahrzeugen neben der Vorgabe der anzufahrenden Position auch die Angabe der Orientierung notwendig ist.

Fahrprogramme zwischen Fahrzeugen des gleichen Typs müssen austauschbar sein. Ein Austausch von Fahrprogrammen zwischen kinematisch unterschiedlichen Fahrzeugen erfordert eine Anpassung an verschiedene Freiheitsgrade, Wenderadien, dynamische Eigenschaften und Fahrzeugabmessungen. Dies sollte durch ein Programmierverfahren erleichtert werden.

- **Unterstützung aller gängigen Navigationsverfahren**

Alle gängigen Navigationsverfahren sollten auf einheitliche Weise von einem Programmierverfahren unterstützt werden. Dies gilt insbesondere auch für Systeme, die eine Kombination mehrerer Navigationsverfahren verwenden, z.B. spurgebundene Fahrzeuge, die für kurze Streckenabschnitte die Leitlinie verlassen können.

- **Erweiterbarkeit**

Entsprechend dem vorgesehenen Einsatzgebiet bietet ein Programmierverfahren einen bestimmten Funktionsumfang. Dieser muß im Hinblick auf künftige, noch nicht absehbare neue Anforderungen und Anwendungen erweiterbar sein. Erweiterungen können durch Modifikationen des Herstellers am Programmierverfahren erreicht werden. Besser ist es dagegen, wenn sie ohne Veränderungen des Programmierverfahrens selbst innerhalb des Verfahrens möglich sind. Dies ist flexibler, kostengünstiger und kann auch durch den Anwender durchgeführt werden. Ein Beispiel für die Erweiterbarkeit innerhalb eines Programmierverfahrens ist bei der textuellen Programmierung die Integration von neuen Funktionalitäten durch Unterprogramme in Systembibliotheken.

3.2.2   Ergonomische Anforderungen

Benutzungsfreundlichkeit (Ergonomie) ist eine zentrale Forderung an technische Systeme, die eine Interaktion mit dem Menschen verlangen. Neben allgemeinen, an jede Bedienoberfläche zu stellenden ergonomischen Anforderungen (z.B. /37/) sind im Zusammenhang mit der anwenderorientierten Programmierung von FTS die folgenden besonders hervorzuheben:

- **Anwenderorientierung**
  Der Anwender eines FTS ist als Maßstab für die Benutzungsfreundlichkeit heranzuziehen.

- **Durchgängigkeit**
  Mit **nur einem** Programmierverfahren sollte der gesamte in Kapitel 3.2.1 genannte Aufgabenbereich (Fahrkursfestlegung, Topologiedaten, Fahrzeugaktionen, Verhalten im Fehlerfall, Verkehrsregelung und Programmbereitstellung) abgedeckt werden.

- **Skalierbarer Funktionsumfang**
  Entsprechend dem zu programmierenden Einsatzgebiet, die Spanne reicht vom passiven Materialtransport bis hin zu mobilen Robotern, ebenso hinsichtlich der Benutzerqualifikation sollte der Funktionsumfang des Programmierverfahrens angepaßt werden können.

- **Inhärente Sicherheitsfunktionen**
  Das Programmierverfahren sollte möglichst weitreichend Programmierfehler automatisch erkennen bzw. deren Auswirkungen begrenzen. Ein Beispiel hierfür sind formale Überprüfungen der Syntax und Semantik einer Programmiersprache. Auf diese Weise läßt sich die Inbetriebnahme verkürzen und die Sicherheit des Gesamtsystems erhöhen.

- **Off-line-Programmierbarkeit**
  Mit Hilfe der Off-line-Programmierung können die Fahrprogramme unabhängig von der Verfügbarkeit der realen Anlage erzeugt und getestet werden. Die Programmierung ist noch vor der Fertigstellung einer Anlage möglich ebenso wie eine Programmänderung parallel zum laufenden Betrieb. Dies kann an einem separaten Arbeitsplatz auf effiziente, gefahrlose und komfortable Weise erfolgen. Die Möglichkeit zur Off-line-Programmierung ist daher vorzusehen.

3.2.3 Organisatorische Anforderungen

Voraussetzung zur erfolgreichen Einführung eines anwenderorientierten Programmierverfahrens für FTS in die industrielle Praxis ist die Erfüllung der folgenden organisatorischen Anforderungen:

- **Vorhersagbares Verhalten**
  Das Verhalten der Fahrzeuge eines FTS muß vorhersagbar sein. Dies wird im wesentlichen durch die Art der Festlegung des Fahrkurses bestimmt. Bei aller anzustrebenden Benutzungsfreundlichkeit darf der Fahrkurs dennoch nicht autonom durch die Fahrzeuge generiert, sondern muß durch den Programmierer definiert werden. Bei einem Industrieroboter, dessen Arbeitsraum abgeschirmt werden kann, mag eine selbständige, situationsabhängige Bahngenerierung sinnvoll erscheinen, nicht jedoch bei einem FTF, dessen Fahrkurs durch die vielfältige Struktur einer von Menschen und anderen Verkehrsteilnehmern frequentierten Fabrikhalle führt. Dem stehen Vorschriften der Berufsgenossenschaft ebenso wie die erforderliche Vorhersagbarkeit des Zeitverhaltens als Grundlage für die Auftragsverwaltung und -planung entgegen.

- **Portierbarkeit**
  Ein Programmierverfahren sollte weitgehend unabhängig von einer spezifischen Steuerungsplattform sein. Um dies zu erreichen, ist eine Hochsprache bei der Implementierung einzusetzen. Außerdem ist die Verwendung von Betriebssystem- und Hardware-Spezifikas zu vermeiden (z.B. durch Nutzung der OSACA-API) bzw. falls unumgänglich in einigen wenigen Modulen zu konzentrieren.

- **Integrierbarkeit in bestehende Systeme**
  Sowohl die Schnittstellen der Programmierung zur FTF-Steuerung (Bewegungsbefehle, Prozeß-E/A, etc.) als auch zur FTS-Steuerung (Topologiedaten, Transportaufträge, Ausführungszeiten, usw.) müssen eine Integration in vorhandene Systeme erlauben.

- **Kosteneffizienz**
  Relevante Kosten eines Programmiersystems sind die für Programmierung und Programmausführung bereitzustellende Sensorik, Steuerungs- und Kommunikationsleistung sowie seine Entwicklungskosten. Hinzu kommt der auf die Programmierung eines FTS bezogene Aufwand bei Inbetriebnahme, Wartung und Modifikationen. Außerdem ist die Effizienz der entstehenden Fahrprogramme (Fahrgeschwindigkeit,

geradlinige Zielansteuerung, etc.) als Kostenfaktor zu beachten. Die Summe dieser Kosten sollte möglichst gering sein.

Darüber hinaus wird die Einführung eines neuen anwenderorientierten Programmierverfahrens für FTS durch die Erfüllung der folgenden Anforderung erleichtert:

- **Normkonformität**
Vorhandene Normen zur Programmierung (NC, RC, SPS) sollten berücksichtigt und falls möglich als Basis für ein Programmierverfahren für FTS dienen. Damit reduzieren sich die Kosten für die Entwicklung des Verfahrens ebenso wie der Schulungsaufwand.

3.3 Abgrenzung zur Programmierung von Werkzeugmaschinen und Industrierobotern

Hinsichtlich der bereitzustellenden Funktionalität eines Programmierverfahrens gibt es zwischen Werkzeugmaschinen, Industrierobotern und FTS einige Gemeinsamkeiten. Die folgenden Besonderheiten der anwenderorientierten Programmierung von FTS rechtfertigen jedoch ein eigenständiges Verfahren, das sich allerdings bezüglich der Grundfunktionalitäten an den Verfahren für Werkzeugmaschinen und Industrierobotern orientieren sollte:

- **Genauigkeit**
Als grobe Tendenz kann man formulieren, daß die erzielbare Genauigkeit der Bewegungsbahnen und anzufahrenden Positionen von der Werkzeugmaschine über den Industrieroboter bis hin zum FTF um jeweils mindestens eine Größenordnung abfällt. Dies schließt eine reine Off-line-Programmierung, wie man sie beispielsweise bei der Programmierung von Werkzeugmaschinen kennt, aus und erfordert im Vergleich zu Industrierobotern einen verstärkten Sensoreinsatz.

- **Navigationsverfahren**
Wie in Kapitel 2.2 dargestellt, gibt es für FTS sehr unterschiedliche Navigationsverfahren, die durch ein anwenderorientiertes Programmierverfahren berücksichtigt werden müssen. Vor allem die diskrete Referenzierung stellt besondere Anforderungen an das verwendete Programmierverfahren.

- **Verkehrsregelung**

Bei Werkzeugmaschinen und Industrierobotern finden sich einzelne räumlich lokal begrenzte Synchronisierungsaufgaben. Beispiele sind kooperierende Mehrrobotersysteme und Drehmaschinen mit Doppelschlittenbearbeitung. In diesen Fällen ist jedoch nicht wie bei einem FTS eine weiträumige, durchsatzoptimierte und verklemmungsfrei zu haltende Verkehrsregelungsstruktur aufzubauen. Da die Verkehrsregelungsstruktur einen konkreten Bezug zur Geometrie des Fahrkurses besitzt, ist es sinnvoll, ihre Festlegung als Teilaufgabe der Programmierung von FTS zu betrachten. Damit wird die Definition und spätere Modifikation der Verkehrsregelungsstruktur gegenüber herkömmlichen Vorgehensweisen (Steuerungs-Software, Bodeninstallation) wesentlich vereinfacht.

- **Topologie des Fahrkurses und Anzahl möglicher Fahrprogramme**

Bei der Programmierung von Werkzeugmaschinen und Industrierobotern ist es notwendig, für jeden Bearbeitungsauftrag ein Programm explizit bereitzustellen. Auch wenn dabei Teile des Programms aus vorgefertigten Unterprogrammen bzw. Zyklen bestehen können, muß doch stets ein komplettes Programm erstellt und überprüft werden. Die Anzahl der notwendigen Fahrprogramme bei einem FTS ist abhängig von der Größe und Struktur einer Anlage (Topologie). Dies wird im Kapitel 4 genauer untersucht. Vorab kann gesagt werden, daß es in der Regel bei FTS nicht möglich ist, für jeden potentiellen Auftrag ein Fahrprogramm explizit zu erstellen und zu testen. Dazu ist ihre Zahl außer bei sehr kleinen und wenig vernetzten Anlagen viel zu groß.

- **Arbeitsraum**

Der Arbeitsraum eines FTS ist der Bereich, in dem sich die Fahrzeuge bewegen, einschließlich der Übergabe- und Übernahmestationen sowie der umgebenden Einrichtungen und Begrenzungen (Maschinen, Wände, usw.). Er besitzt die folgenden für die Entwicklung eines anwenderorientierten Programmierverfahrens wichtigen Eigenschaften:

- Die exakte geometrische Struktur des Arbeitsraums ist nicht bekannt und läßt sich nur unter großem Vermessungsaufwand bestimmen. Im Gegensatz beispielsweise zum Industrierobotereinsatz in der Montage, bei dem Geometriedaten über die zu montierenden Teile aus Konstruktion und Fertigung übernommen werden können, liegen exakte geometrische Informationen über das Hallenlayout meist nicht vor. Damit ist eine vollständige Off-line-Programmierung ohne anschließende On-line-Korrektur bzw. -Nachprogrammierung nicht möglich.

- Der Arbeitsraum eines FTS kann nur in den seltensten Fällen vollständig abgeschirmt werden. Er wird meist gleichzeitig von Menschen und anderen Transportkomponenten, z.B. Gabelstaplern, benützt. Eine eigenständige freie Fahrkursgenerierung durch das Programmiersystem ist damit ausgeschlossen. Die prinzipiellen Fahrwege sind bei der Programmierung festzulegen und müssen durch die Fahrzeuge eingehalten werden.

3.4 Stand der Technik

Für eine Betrachtung des Stands der Technik müssen die bekannten Ansätze zur Programmierung von FTS klassifiziert, untersucht und bewertet werden. Verfahren für die Programmierung von Werkzeugmaschinen und Industrierobotern sind dabei ebenfalls zu berücksichtigen, soweit sie sich auf FTS übertragen lassen. Darüber hinaus sind mögliche Werkzeuge, und hier insbesondere bereits existierende Off-line-Programmiersysteme für Industrieroboter und FTS, in die Analyse mit einzubeziehen.

3.4.1 Programmierverfahren

Die Programmierverfahren für Werkzeugmaschinen, Industrieroboter und FTS lassen sich in explizite und implizite Verfahren unterteilen /25, 38, 39/. Explizite Verfahren erfordern vom Programmierer eine detaillierte Formulierung des Fahrprogramms. Hierzu stehen unterschiedlich komfortable Hilfsmittel zur Verfügung. Bei den impliziten Verfahren dagegen beschränkt sich der Programmierer auf die Formulierung der zu lösenden Aufgabe mit Hilfe von problembezogenen Größen und Begriffen. Die aus der Literatur bekannten Ansätze zur Programmierung von FTS klassifiziert, nach expliziten und impliziten Verfahren, zeigt Bild 3.1. Die dort aufgeführten Verfahren werden in den folgenden Kapiteln untersucht und bewertet.

3.4.1.1 Programmierung im Steuerungsquellcode

Bei der Programmierung im Steuerungsquellcode werden Anwendungsprogrammierung und Systemprogrammierung vermischt. Die Funktionalität der Fahrprogramme wird als Teil der Steuerungs-Software (Bild 3.2) implementiert und ist für den Anwender unveränderlich /6, 27, 29, 30/. Die Programmierung erfolgt im günstigsten Fall in einer Hoch-

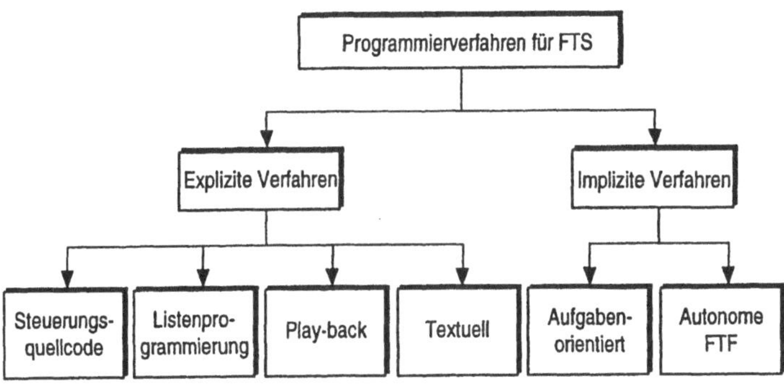

Bild 3.1: Klassifizierung der Programmierverfahren für FTS

sprache wie C oder in einer SPS-Programmiersprache und wird ebenso wie die spätere Wartung vom FTS-Hersteller durchgeführt.

Trotz seiner erheblichen Nachteile, wie Abhängigkeit vom Hersteller, Unflexibilität, hoher Aufwand beim Einrichten und bei Änderungen, ist dieses Verfahren in der Praxis noch sehr verbreitet.

Bild 3.2: Funktionalität der Fahrprogramme als fester Bestandteil der Steuerungs-Software eines FTF

3.4.1.2 Listenprogrammierung

Die Listenprogrammierung wird vor allem bei spurgebundenen Navigationsverfahren verwendet. Das Fahrprogramm ist kein fester Bestandteil der Steuerungs-Software wie beim ersten Verfahren, sondern kann in Form einer Liste von Fahrkursparametersätzen geladen werden (Bild 3.3). Jede Teilstrecke des Fahrkurses wird durch einen Satz von Fahrkursparametern beschrieben. Ein Fahrkursparametersatz enthält u.a.

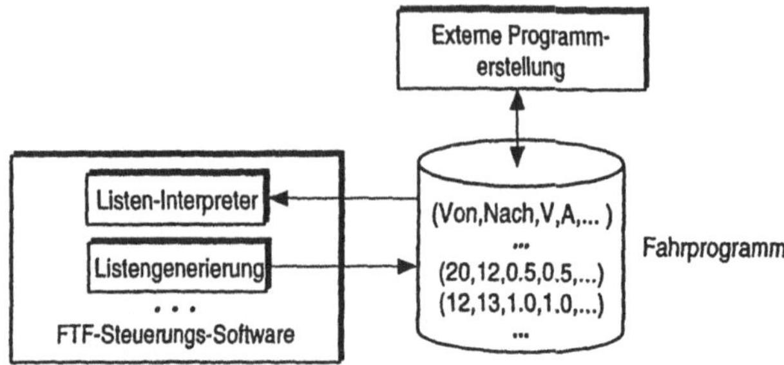

<u>Bild 3.3</u>: Prinzip der Listenprogrammierung

- die Ortsmarken am Beginn (Von) sowie am Ende (Nach) der Teilstrecke,
- die Geschwindigkeit (V) und
- die Beschleunigung bzw. Verzögerung (A).

Die Zusammenstellung der Fahrkursparametersätze (Fahrprogramm) für einen gegebenen Auftrag erfolgt üblicherweise mit Hilfe eines externen Programmiersystems /40/.
Alternativ dazu kann dies auch innerhalb der FTF-Steuerung aus vorberechneten Tabellen erfolgen. Die so entstandene Liste wird dann schrittweise von einem Listen-Interpre-
ter abgearbeitet.

Eine besondere, sehr fortschrittliche Form der Listenprogrammierung stellt der Ansatz
nach /41/ dar. Dabei wird der klassische Leitdraht ersetzt durch die Verfolgung der Fahrbahnmarkierung mit Hilfe eines Bildverarbeitungssystems. Anstelle der Ortsmarken
können Ereignisse für den Wechsel der aktuell zu verfolgenden Fahrbahnmarkierung
angegeben werden. Nachteile dieses Ansatzes sind die hohen Steuerungs- und Sensor-
kosten und die Abhängigkeit von der Fahrbahnmarkierung. Eine Fahrbahnmarkierung ist
nicht in allen Ländern vorgeschrieben und bei ungünstigen Lichtverhältnissen oder bei
ihrer Bedeckung kann es zu Problemen kommen.

3.4.1.3 Play-back-Verfahren

Die Programmierung beim Play-back-Verfahren erfolgt durch das handgesteuerte Abfah-
ren des gewünschten Fahrkurses. Während dieser Programmierfahrt werden zyklisch die
Achswerte oder Raumpositionen des Fahrzeugs zusammen mit Informationen über aus-

zuführende Zusatzaktionen (z.B. Lasthandhabung) abgespeichert. Nachteilig ist dabei, daß sich vor allem in längeren, geradlinigen Anlagenbereichen kein optimaler, zielgerichteter Fahrkurs erstellen läßt. Die Geschwindigkeit auf dem jeweiligen Bahnabschnitt kann separat vorgegeben werden und entspricht nicht der Geschwindigkeit während der Programmierfahrt, die deutlich geringer sein kann.

Während der Programmausführung können die abgespeicherten Achswerte direkt als Sollwertvorgaben genutzt werden. Bei Verwendung einer Liste von Raumpositionen sind diese noch einer Koordinatentransformation in die zugehörigen Achswerte zu unterwerfen.

Das Prinzip der Programmierung und Programmausführung veranschaulicht <u>Bild 3.4</u>. Beispiele für die praktische Verwendung des Play-back-Verfahrens sind /18/ und /19/.

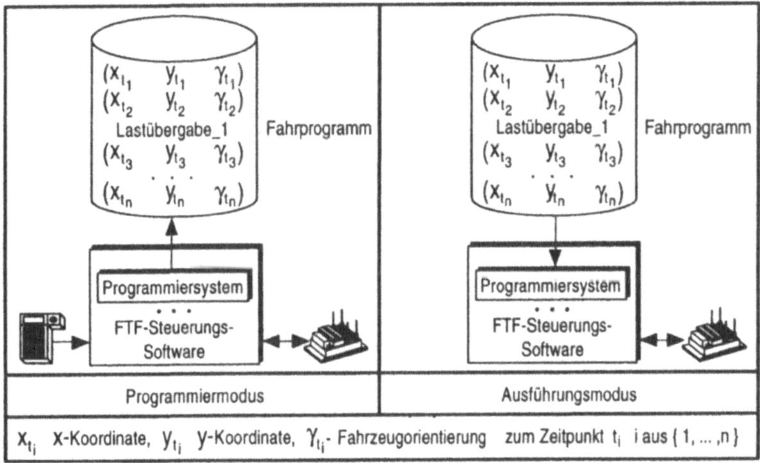

x_{t_i} X-Koordinate, y_{t_i} y-Koordinate, γ_{t_i}- Fahrzeugorientierung zum Zeitpunkt t_i i aus { 1, ... ,n }

<u>Bild 3.4</u>: Beispiel für Programmierung und Programmausführung beim Play-back-Verfahren

3.4.1.4 Textuelle Programmierung

Die textuelle Programmierung ist bei Industrierobotern eine weit verbreitete Programmiermethode. Es bot sich daher an, sie auch bei der Programmierung von FTS einzuset-

zen. Die Fahrprogramme werden entweder off line mit einem externen Programmiersystem oder on line am Bedienterminal des Fahrzeugs erstellt. Die Geometrieinformationen über anzufahrende Punkte können direkt in den Programmtext eingegeben werden. In den meisten Fällen ist es jedoch sinnvoller, diese Punkte mit Hilfe eines, die rein
textuelle Programmierung ergänzenden, Teach-in zu definieren. Die Fahrkursstützpunkte
(Teach-in-Punkte) ergeben sich dabei aus der jeweils aktuellen Position des Fahrzeuges.

Die Vorgehensweise bei der textuellen Programmierung zeigt beispielhaft <u>Bild 3.5</u>. Die
Fahrprogrammerstellung erfolgt alphanumerisch oder grafisch interaktiv mit einem Edi-
tor. Anschließend wird der Fahrprogrammtext (Quellprogramm) mit Hilfe eines Übersetzers (engl. Compiler) in ein einfacher abarbeitbares Zwischencodeprogramm konver-
tiert. Nach der Übersetzung wird das Zwischencodeprogramm, falls erforderlich, noch
mit Hilfe des Teach-in um Geometrieinformationen (Teach-Daten) ergänzt. Der Zwischencode kann dann von einem Interpreter auf der FTF-Steuerung ausgeführt werden.
Zur Überprüfung steht häufig ein Testsystem (engl. Debugger) bereit, das u.a. die schrittweise Ausführung des Fahrprogramms und die Anzeige von Variablenwerten erlaubt.
Die im <u>Bild 3.5</u> aufgeführten Komponenten können Teil eines On-line-Programmiersystems sein.

Ein Vorschlag zur textuellen Programmierung von FTF findet sich in /42/. Darin wird
eine einheitliche Sprache zur Programmierung von numerischen Steuerungen, Robotersteuerungen und speicherprogrammierbaren Steuerungen vorgestellt. In /43/ wird ebenfalls ein Befehlssatz zur Programmierung von FTF beschrieben. Dieser ist in seinem eingeschränktem Funktionsumfang an ein übergeordnetes Planungs- und Entscheidungs-
system, das den Fahrweg zu einem gegebenen Fahrauftrag selbständig plant, angepaßt
und eignet sich nicht zur eigenständigen expliziten Programmierung. Ein anderer Weg
wurde bei der Konzeption der Sprache MML (Model-based Mobile Robot Language)
beschritten /44, 45/. Sie basiert auf der Programmiersprache C, die um Funktionen zur
Off-line-Programmierung von mobilen Robotern erweitert wurde. Einen Schwerpunkt
bilden dabei Bahnplanungs- und Sensorfunktionen.

Alle drei Ansätze weisen erhebliche Nachteile und funktionale Einschränkungen auf.
Besonders schwerwiegend sind die mangelnde Unterstützung aller gängigen Navigationsverfahren und der Verkehrsregelung sowie die Beschränkung auf sehr kleine, wenig
vernetzte Anlagen. Außerdem ist bei allen drei Ansätzen die mangelnde Problemangepaßtheit und der damit verbundene geringe Benutzerkomfort hervorzuheben. Ein speziel-
ler Nachteil von MML ergibt sich aus der Verwendung von C als Basissprache. Durch

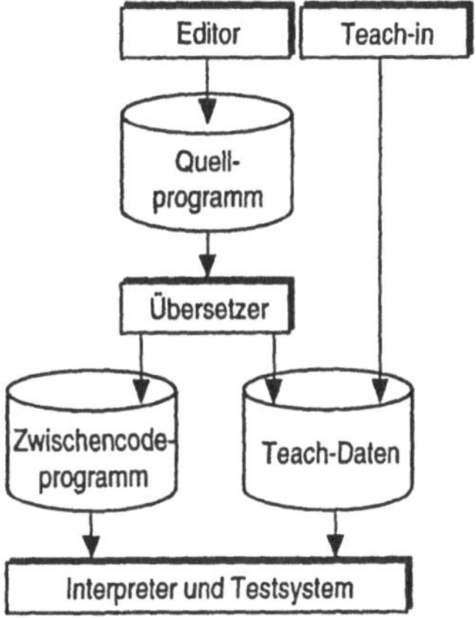

Bild 3.5: Vorgehensweise bei der textuellen Programmierung unter Verwendung eines Übersetzers und eines Zwischencode-Interpreters

die vielfältigen Programmiermöglichkeiten, insbesondere die Verwendung von Adreß-operationen und Zeigern, besteht die Möglichkeit, durch Programmierfehler Speicher-schutzverletzungen und damit verbundene unkontrollierbare Reaktionen eines FTF her-vorzurufen. Dies muß bei einer anwendungsbezogenen Programmiersprache mit ihrem auf die jeweilige Anwendung beschränkten Funktionsumfang vermieden werden.

3.4.1.5 Aufgabenorientierte Programmierung

Aus dem Bereich von Werkzeugmaschinen und Industrierobotern sind zahlreiche Ansät-ze und Lösungen zur aufgabenorientierten Programmierung bekannt (z.B. /25/, /46 ... 50/). Sie können auch auf die Programmierung von FTS angewandt werden. Eingangs-informationen eines solchen Programmiersystems sind Start- und Zielpunkt, Lastinfor-mationen sowie weitere, die Transportaufgabe beschreibende Daten. Unter Verwendung einer umfangreichen Datenbasis erstellt das Programmiersystem daraus explizite Fahr-programme für die vorgegebene Aufgabe (siehe Bild 3.6). Die so entstandenen Fahrpro-gramme können dann mit Hilfe eines der zuvor genannten Programmierverfahren ausge-führt werden.

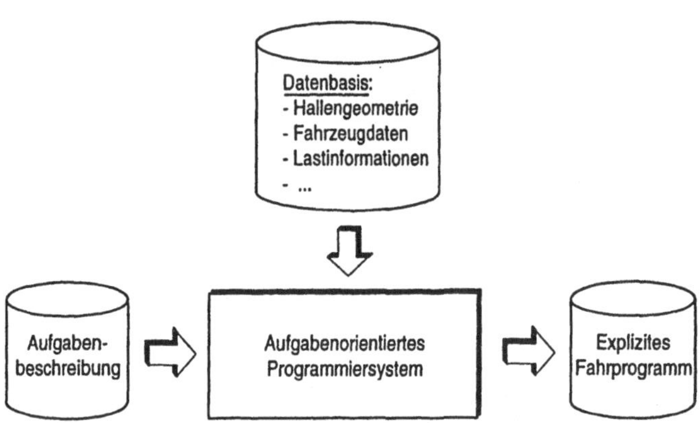

Bild 3.6: Datenfluß eines aufgabenorientierten Programmiersystems für FTS

Aufgabenorientierte Programmiersysteme wurden bei FTS, im Gegensatz zu den nachfolgend behandelten autonomen FTF, bislang wenig untersucht. Die Gründe hierfür liegen u.a. im Fehlen einer leistungsfähigen expliziten Programmierschnittstelle für FTS, der Voraussetzung für die Entwicklung eines aufgabenorientierten Programmiersystems sowie in der für FTS unzulässigen eigenständigen Fahrkursgenerierung eines solchen Systems. Ein Beispiel für einen Ansatz zur aufgabenorientierten Programmierung ist die automatische Fahrprogrammgenerierung aus CAD-Daten in /51/.

3.4.1.6   Autonome fahrerlose Transportfahrzeuge

Autonome fahrerlose Transportfahrzeuge besitzen die Fähigkeit, gestützt auf eine Datenbasis und aktuelle Sensorinformationen, Bewegungsaufgaben unter sich ändernden Umweltsituationen selbständig auszuführen. Die Steuerungsstruktur eines autonomen FTF zeigt beispielhaft **Bild 3.7**. Die Wegstrecke, entlang der autonome Fahrzeuge zum nächsten Zielpunkt fahren, wird nicht vorgegeben, sondern von den Fahrzeugen auf der Grundlage einer geometrischen Datenbasis und aktueller Sensorinformationen selbständig geplant. Dabei kommt meist eine hierarchische Steuerungsstruktur mit den folgenden Teilkomponenten zum Einsatz:

- Planer, mit der Aufgabe Kommandos an das FTF in Handlungsabläufe umzusetzen,
- Navigator, für die Festlegung der Wegstrecke zum Ziel,

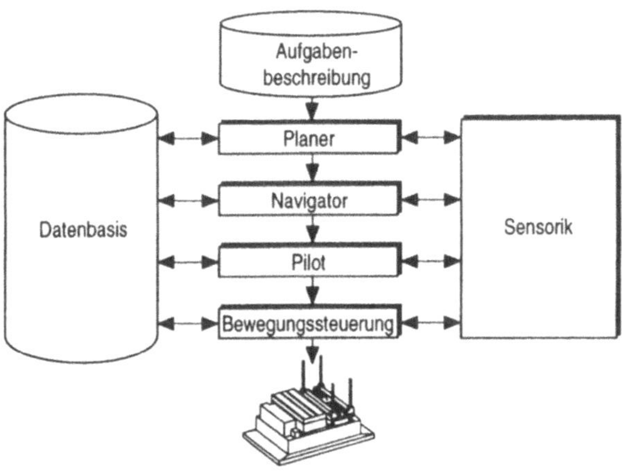

<u>Bild 3.7</u>: Beispielhafte Steuerungsstruktur eines autonomen FTF

- Pilot, zur Führung des Fahrzeuges entlang vorgegebener Wegsegmente, und
- Bewegungssteuerung, zur Positionierung auf Stützpunkten entlang der Wegsegmente.

Im Unterschied zur aufgabenorientierten Programmierung wird über diese Steuerungsstruktur die Aufgabenbeschreibung ohne den Zwischenschritt eines expliziten Fahrprogramms direkt in Aktionen des FTF umgesetzt. Dabei kann auf sich ändernde Umge-
bungsbedingungen reagiert und die Datenbasis dynamisch angepaßt werden. Beispiele
für autonome FTF sind die Systeme KAMRO /21/, MACROBE /22, 43/ und MOBOT-
III /24/.

3.4.1.7   Bewertung

Die <u>Tabelle 3.1</u> zeigt eine Gegenüberstellung der in Kapitel 3.2 definierten Anforderungen und der in Kapitel 3.4.1 aufgeführten Programmierverfahren. Die Bewertung kann
nicht immer eindeutig vorgenommen werden und ist häufig als Spanne zwischen zwei
Werten angegeben. Der Grund hierfür liegt darin, daß bei der Bewertung versucht wird,
alle vorhandenen Ansätze eines Verfahrens sowie auch dessen zukünftiges Entwick-
lungspotential zu berücksichtigen.

Anforderungen \ Verfahren	Steuerungs-quellcode	Listenpro-grammierung	Play-back	Textuell	Aufgaben-orientiert	Autonome FTF
Funktionale Anforderungen						
Konformität mit dem Aufgabenbereich	◐	○ ··· ◐	◐	◐ ··· ●	◐ ··· ●	◐ ··· ●
Beliebige Fahrzeugkinematik	○ ··· ◐	○ ··· ●	○ ··· ●	●	●	●
Unterstützung aller Navigationsverfahren	◐	○	○ ··· ●	○ ··· ●	○ ··· ●	○ ··· ●
Erweiterbarkeit	○	◐	◐	◐ ··· ●	◐ ··· ●	◐ ··· ●
Ergonomische Anforderungen						
Anwenderorientierung	○	○ ··· ◐	●	◐ ··· ●	◐ ··· ●	◐ ··· ●
Durchgängigkeit	○	○	◐ ··· ●	◐ ··· ●	◐ ··· ●	●
Skalierbarer Funktionsumfang	○	○	◐	●	●	●
Inhärente Sicherheitsfunktionen	○	◐	◐	◐ ··· ●	◐ ··· ●	●
Off-line-Programmierbarkeit	○	○ ··· ◐	○ ··· ●	◐ ··· ●	◐ ··· ●	○
Organisatorische Anforderungen						
Vorhersagbares Verhalten	●	●	●	●	○ ··· ●	○
Portierbarkeit	○ ··· ◐	◐	●	○ ··· ●	●	◐
Integrierbarkeit in bestehende Systeme	◐	◐	●	●	○ ··· ●	○ ··· ●
Kosteneffizienz	○	○	◐	◐ ··· ●	◐ ··· ●	○
Normkonformität	○	○	○	○ ··· ●	○ ··· ●	○

● Anforderung erfüllt/erfüllbar   ◐ Anforderung teilweise erfüllt/erfüllbar   ○ Anforderung nicht erfüllt/erfüllbar

<u>Tabelle 3.1</u>:   Bewertung der Programmierverfahren für FTS

Es zeigt sich, daß die beiden Verfahren Programmierung im Steuerungsquellcode und die Listenprogrammierung durchweg schlechter abschneiden und nicht als anwenderorientierte Programmierverfahren bezeichnet werden können.

Wesentlich günstiger sind das Play-back-Verfahren und die textuelle Programmierung einzustufen. Beide Verfahren bieten eine anwenderfreundliche Programmierung eines FTS, wobei das Play-back-Verfahren gegenüber der textuellen Programmierung in einigen Punkten schlechter zu bewerten ist. Der Hauptnachteil des Play-back-Verfahrens ist der geringere Funktionsumfang, der sich auf die Konformität mit dem Aufgabenbereich, Erweiterbarkeit, Durchgängigkeit, den skalierbaren Funktionsumfang und die inhärenten Sicherheitsfunktionen negativ auswirkt. Weitere Nachteile sind die meist sehr umfangreichen Fahrprogramme, der vor allem bei Verwendung von Achskoordinaten zur Aufzeichnung und Ausführung von Bewegungsbahnen schwierige Austausch von Fahrprogrammen zwischen verschiedenen Fahrzeugen und daß sich verfahrensbedingt keine geradlinigen Fahrkurse (Kosteneffizienz) ergeben.

Die beiden impliziten Verfahren aufgabenorientierte Programmierung und autonome FTF erscheinen auf den ersten Blick für den Benutzer sehr komfortabel. Sie besitzen jedoch zahlreiche Nachteile. So ist die Erstellung der notwendigen Datenbasis meist sehr aufwendig. Die Kosteneffizienz der aufgabenorientierten Programmierung hängt stark von diesem Erstellungsaufwand ab, für die autonomen FTF ist sie, bedingt durch die erforderliche sehr leistungsfähige Steuerung und aufwendige Sensorik, negativ zu bewerten. Die eigenständige Bahnplanung dieser beiden Verfahren führt zu Nachteilen hinsichtlich dem vorhersagbaren Verhalten sowie der Integrierbarkeit.

Zusammenfassend kann somit festgestellt werden, daß keines der untersuchten Verfahren einen befriedigenden Ansatz zur anwenderorientierten Programmierung von FTS bereitstellt. Die Entwicklung verbesserter Verfahren ist daher erforderlich.

3.4.2   Off-line-Programmiersysteme

Ein Off-line-Programmiersystem eignet sich bei manchen der in Kapitel 3.4.1 genannten Programmierverfahren als Werkzeug zur Erstellung von Fahrprogrammen parallel zum Aufbau einer Anlage bzw. für Modifikationen während des laufenden Betriebes. Dies gilt insbesondere für Verfahren auf Basis der textuellen Programmierung. Darüber hinaus kann ein Off-line-Programmiersystem auch zur Anlagenplanung, Fahrzeugkonstruktion, Schulung von Programmierern und Entwicklung von Steuerungs-Software eingesetzt werden.

Für die Off-line-Programmierung und Simulation von Industrierobotern stehen eine Reihe von marktgängigen grafischen Off-line-Programmier- und Simulationssystemen zur Verfügung /52/. Beispiele sind die Systeme

- ROBCAD von TECNOMATIX /53/,
- CATIA ROBOTICS von Dassault Systems /54/,
- IGRIP von DENEB /55/ und
- CIMStation von SILMA /56/.

Für einen Einsatz zur anwenderorientierten Programmierung von FTS weisen diese Systeme jedoch eine Reihe von Nachteilen auf:

- Es gibt keine bzw. nur unzureichende Simulationsmöglichkeiten der Kinematik, Dynamik und Navigationsverfahren eines FTF.
- Eine durchgehende Programmierung zwischen On-line- und Off-line-System mit einheitlicher Bedienschnittstelle und Programmiersprache ist nicht vorhanden.
- Wichtige Funktionalitäten der anwenderorientierten Programmierung von FTS (z.B. Verkehrsregelung, Definition der Topologie) werden nicht unterstützt.
- Es gibt erste Ansätze zur Einbindung von Teilen der Steuerungs-Software in das Offline-Programmiersystem /57/, eine vollständige Integration der gesamten Steuerungs-Software ist jedoch nicht möglich. Die Spezifika der jeweiligen FTF-Steuerungs-Software spielen eine große Rolle für den Bahnverlauf. Für eine realitätsnahe Simulation ist es daher unerläßlich, das Verhalten der Steuerungs-Software exakt nachzubilden oder die Steuerungs-Software selbst in den Simulationsablauf einzubinden.
- Sehr hohe Arbeitsplatzkosten in der Größenordnung von 300.000 DM.

Speziell auf die Belange von FTS zugeschnitten sind einige CAD-orientierte grafische Layouteditoren /51, 58/. Diese Systeme decken jedoch nur einen Teil der notwendigen Aspekte einer anwenderorientierten Programmierung von FTS ab. Sie bieten beispielsweise keine ausreichenden Elemente zur strukturierten Programmierung und verzichten auf eine für die Programmierung von aktiven Lasthandhabungen notwendige 3D-Simulation.

3.5 Zielsetzung und Vorgehensweise

Ausgehend von der im Kapitel 3.4.1.7 durchgeführten Bewertung erweisen sich die folgenden Verfahren, mit jeweils spezifischen Vor- und Nachteilen, als für die anwenderorientierte Programmierung am geeignetsten:

- Das **Play-back-Verfahren** ist vorteilhaft bei schwierigen Wendemanövern unter engen räumlichen Verhältnissen, bietet aber einen sehr geringen Funktionsumfang und führt, vor allem in längeren geradlinigen Anlagenbereichen, zu einem ineffizienten Fahrkurs.
- Die **textuelle Programmierung** ist das leistungsfähigste explizite Verfahren. Die bisherigen Ansätze zur textuellen Programmierung von FTS weisen jedoch schwerwiegende Nachteile und eine mangelnde Problemangepaßtheit auf (siehe Kapitel 3.4.1.4).
- Die **aufgabenorientierte Programmierung** stellt ein sehr komfortables und leistungsfähiges Verfahren dar. Sie ist jedoch nur dann praktisch einsetzbar, wenn keine eigenständige Bahnplanung vorgenommen und die notwendige Datenbasis einfach zu erstellen ist. Dies ist bei einer direkten Übertragung von vorhandenen Verfahren zur aufgabenorientierten Programmierung von Industrierobotern und Werkzeugmaschinen nicht der Fall.

Das Ziel des im Rahmen dieser Arbeit zu entwickelnden Programmierverfahrens ist es, diese drei Ansätze so zu kombinieren, daß sich ihre Vorteile ergänzen und die Nachteile ausgeglichen werden. Auf diese Weise soll ein durchgängiges Programmierverfahren entstehen, das alle im Kapitel 3.2 aufgestellten Anforderungen erfüllt. Um dieses Ziel zu erreichen, muß im ersten Schritt die Problematik der anwenderorientierten Programmierung anhand der zentralen Begriffe Fahrkurs und Transportstruktur analysiert werden. Hierfür stellt die Graphentheorie die erforderlichen Hilfsmittel bereit. Auf dieser Grundlage kann dann eine geeignete Form der Zusammenführung der oben aufgeführten Ansätze zur anwenderorientierten Programmierung von FTS zu einem integrierten Verfahren entwickelt werden. Anschließend ist eine Programmiersprache für die anwenderorientierte Programmierung von FTS zu konzipieren. Darauf aufbauend kann eine Systemkonzeption für ein zugehöriges Programmiersystem sowie seine Realisierung erarbeitet werden.

4 Graphentheoretische Analyse und daraus resultierendes Grundprinzip de: Programmierverfahrens

In /31/ wird gezeigt, daß sich der Fahrkurs eines FTS mit Begriffen der Graphentheorie /59/ beschreiben läßt. Dieser Ansatz wird im folgenden aufgegriffen und erweitert Dadurch lassen sich Algorithmen aus der Graphentheorie anwenden und automatiscl überprüfbare Konsistenzbedingungen formulieren. Außerdem wird es möglich, die Abhängigkeit der Anzahl bereitzustellender Fahrprogramme von der Größe und Struktu: einer Anlage zu untersuchen. Die Anzahl der Fahrprogramme ist, neben anderen Ein flußgrößen wie der Länge des Fahrkurses und der Komplexität von Lasthandhabungen ein wichtiger Faktor für den zu erwartenden Programmieraufwand.

Aus den Begriffsdefinitionen und Ergebnissen dieses Kapitels resultiert dann am Ende das Grundprinzip des im Rahmen dieser Arbeit vorgestellten anwenderorientierten Pro grammierverfahrens. Außerdem stellen sie die notwendige theoretische Basis für die sich anschließende Konzeption und Realisierung eines Programmiersystems bereit.

4.1 Definition von Fahrkurs und Transportstruktur

Ein *gerichteter Graph* $G = (V, E, \Delta)$ besteht aus einer nichtleeren Menge von *Knoten* V einer mit V elementfremden Menge von *Kanten* E und einer Abbildung Δ von E ir $V \times V$. Gilt $\Delta(e) = (v, w)$ (mit $e \in E$ und $v, w \in V$) wird v als *Anfangsknoten* und w al: *Endknoten* der Kante e bezeichnet. Die Abbildung Δ ist bei vielen Anwendungen de1 Graphentheorie - so auch bei der folgenden Nutzung für die anwenderorientierte Pro grammierung von FTS - nicht explizit gegeben. In diesem Fall kann man für G abgekürz: (V, E) verwenden und spricht von den einer Kante implizit zugeordneten Anfangs- unc Endknoten. Besitzen zwei nicht identische Kanten dieselben Anfangs- und Endknoter werden sie als *redundant* bezeichnet. Einen gerichteten Graph kann man durch Punkte (den Knoten), die durch Pfeile (den Kanten) verbunden sind, veranschaulichen.

Der Fahrkurs eines FTS läßt sich durch einen gerichteten Graphen, den *Fahrkursgra phen* beschreiben. Dabei wird vorausgesetzt, daß es sich um einen *streng zusammen hängenden* gerichteten Graphen handelt, d.h. zwischen jedem beliebigen nicht identi schem Knotenpaar existiert eine verbindende Kante oder zusammenhängende Kanten folge. Ist der Fahrkursgraph eines FTS nicht streng zusammenhängend, können sämt liche in dieser Arbeit getroffenen Aussagen und beschriebenen Verfahren auf die streng zusammenhängenden Teilgraphen getrennt angewendet werden.

Im folgenden wird der Ansatz aus /31/ zur Beschreibung eines Fahrkurses um weitere Definitionen ergänzt und damit die Grundlage für die sich anschließenden Untersuchungen geschaffen.

Kanten und Knoten des Fahrkursgraphen repräsentieren die topologische, d.h. die geometrische Struktur des Fahrkurses. Ein Knoten des Fahrkursgraphen spezifiziert einen der im <u>Bild 4.1</u> dargestellten *topologischen Punkte*.

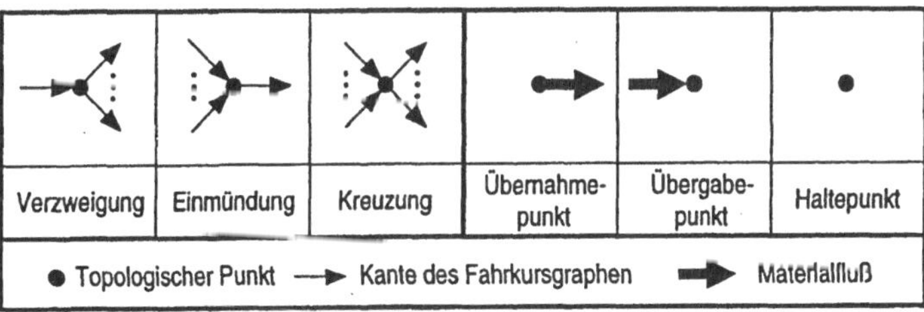

<u>Bild 4.1</u>: Definition topologischer Punkte

Eine *Verzweigung* ist ein Knoten, von dem mindestens zwei Kanten ausgehen, eine *Einmündung* ein Knoten, in dem mindestens zwei Kanten enden. Eine *Kreuzung* schließlich ist die Kombination der Eigenschaften einer Einmündung und einer Verzweigung in einem Punkt. Ein *Übernahmepunkt* ist eine Quelle und ein *Übergabepunkt* eine Senke des Materialflusses. *Haltepunkte* sind das Ziel von Leerfahrten zu Bereitstellungspunkten, Batterielade- und Servicestationen. Haltepunkte, Übergabe- und Übernahmepunkte werden im folgenden auch als *Stationen* bezeichnet.

Die Information, ob ein topologischer Punkt des Fahrkurses ein Halte-, Übergabe- oder Übernahmepunkt ist, wird dem zugehörigen Knoten des Fahrkursgraphen als Attribut zugeordnet. Kreuzungen, Einmündungen und Verzweigungen besitzen in der Regel kein solches Attribut. Halte-, Übergabe- und Übernahmepunkten ist mindestens ein Attribut zugeordnet. Maximal kann ein Knoten drei Attribute (Halte-, Übergabe- und Übernahmepunkt) tragen. Ein Beispiel für die Zuordnung von zwei Attributen ist ein topologischer Punkt, der als Quelle und Senke des Materialflusses (z.B. Fertigteilabholung und Rohteilzuführung) dient.

Die Kanten eines Fahrkursgraphen repräsentieren die durch die Fahrzeuge zurückzule-
genden Wege. Da es sich um einen gerichteten Graphen handelt, sind die Kanten unidi-
rektional. Für einen Hin- und Rückweg zwischen zwei topologischen Punkten werden
daher zwei Kanten benötigt.

Neben dem Fahrkurs hat die *Transportstruktur* einer Anlage, d.h. die Spezifikation der
prinzipiell möglichen Materialtransporte und Leerfahrten, großen Einfluß auf die Programmierung. Die Transportstruktur kann, in Anlehnung an Begriffe aus der Logistik
/32/ jedoch angepaßt an die Belange der anwenderorientierten Programmierung, mit
Hilfe von zwei im Rahmen dieser Arbeit neu eingeführten, gerichteten Graphen, dem
Transportbeziehungs- und dem Bereitstellungsgraph beschrieben werden.

Die Knoten des *Transportbeziehungsgraphen* sind eine Teilmenge der Knoten des Fahrkursgraphen und umfassen Übergabe- und Übernahmepunkte. Eine Kante des Transportbeziehungsgraphen beschreibt nicht wie eine Kante des Fahrkursgraphen eine geometrische Verbindung zwischen zwei Punkten sondern eine logistische Beziehung, d.h. einen
möglichen Materialtransport vom Ausgangspunkt zum Zielpunkt der Kante. Dabei wird,
um die folgenden Betrachtungen zu vereinfachen, idealisiert von Punkt-zu-Punkt-Verbindungen ausgegangen, bei denen jeweils ein Lastgut von einem Punkt aufgenommen
und an einem anderen Punkt abgeliefert wird. Dies trifft auf die Mehrzahl der Anlagen
zu und ist, wie am Ende des Kapitels 4 gezeigt wird, keine Einschränkung für die daraus
abgeleiteten Aussagen. Wird der Transportbeziehungsgraph mit weiteren Informationen
über den Lasttransport versehen, dient er als wichtiges Hilfsmittel

- bei der Programmierung zur Überprüfung, ob die erforderlichen Programme für die
  Lasthandhabung bereitstehen bzw. automatisch generiert werden können, sowie
- beim Erstellen des Anlagenlayouts und der Simulation zur korrekten Dimensionie-
  rung eines FTS.

Dazu müssen die folgenden Daten in den Transportbeziehungsgraphen integriert sein (in
Klammer steht der jeweilige Informationsträger):

- Parameter der Lastübergabe- und Lastübernahmestationen (Knoteninformation),
- Art der zu transportierenden Lasten (Kanteninformation),
- für Simulationszwecke die zu erwartende Häufigkeit der Transporte (Kanteninformation).

Die Knoten des *Bereitstellungsgraphen* sind ebenfalls eine Teilmenge der Knoten des Fahrkursgraphen und umfassen Übergabe-, Übernahme- und Haltepunkte. Eine Kante dieses Graphen beschreibt eine Leerfahrt, d.h. eine Fahrt ohne Materialtransport.

Sowohl der Transportbeziehungsgraph als auch der Bereitstellungsgraph sind gerichtete im Regelfall nicht streng zusammenhängende Graphen.

Die in diesem Kapitel definierten Begriffe werden im folgenden an Hand eines Beispiels verdeutlicht. Bild 4.2 zeigt den Fahrkurs einer kleinen Fabrikhalle. Ein FTS beliefert zwei Fertigungszellen (1, 5) mit Rohteilen und Werkzeugen vom Lagerausgang (3) und transportiert deren Fertigteile zum Lagereingang (2) sowie zum Montage- und Verpackungsbereich (6, 7, 8, 9). Der Montage- und Verpackungsbereich erhält weitere Fertigteile vom Lagerausgang (3). Die montierten und verpackten Teile werden von den Montage- und Verpackungsstationen (6, 7, 8, 9) zum Lagereingang (2) transportiert. Um beim Fehlen von Folgeaufträgen als Bereitstellungspunkte zu dienen, erhielten die Punkte 7 und 8 neben den Attributen Übergabe- und Übernahmepunkt zusätzlich das Attribut Haltepunkt. Die Punkte 10 bis 18 bezeichnen Kreuzungen des Fahrkurses. Den Fahrkursgraphen dieses Beispiels zeigt Bild 4.3 und die zugehörigen Transportbeziehungs- und Bereitstellungsgraphen Bild 4.4.

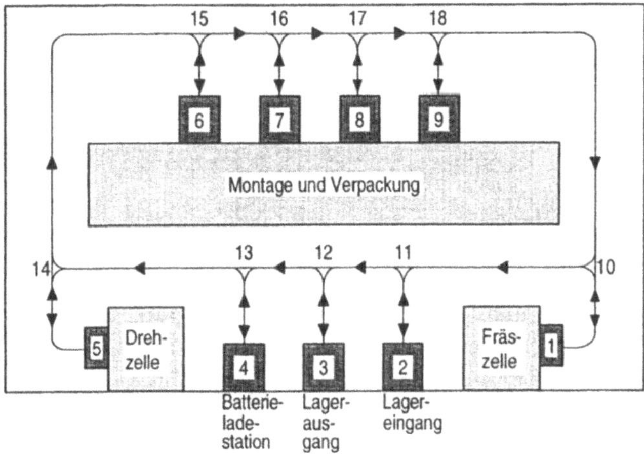

Bild 4.2: Beispiel eines Fahrkurses

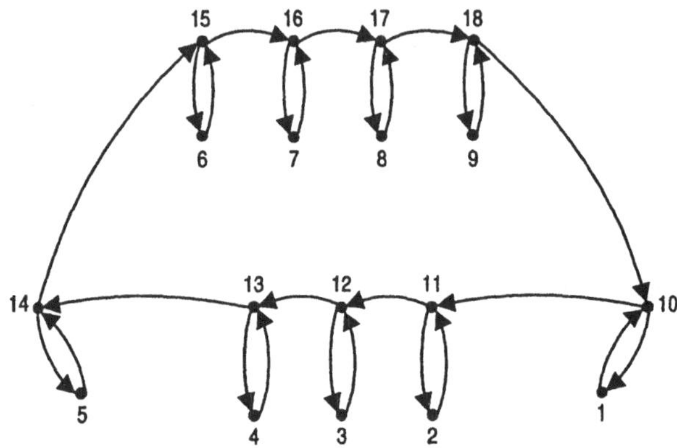

Bild 4.3: Fahrkursgraph des Beispiels aus Bild 4.2

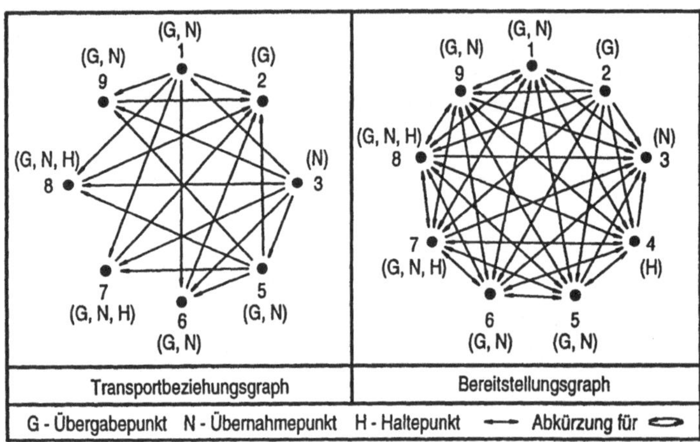

Bild 4.4: Transportbeziehungs- und Bereitstellungsgraph des Beispiels aus Bild 4.2

4.2   Konsistenzbedingungen

Aus der im Rahmen dieser Arbeit eingeführten graphentheoretischen Definition von Fahrkurs und Transportstruktur lassen sich nun eine Reihe von Konsistenzbedingungen ableiten, die automatisch durch ein Programmiersystem überprüft werden können und damit eine wertvolle Hilfe für den Programmierer darstellen:

Konsistenzbedingung 1
Für jeden Knoten des Fahrkursgraphen gilt: Es existiert eine Kante oder eine zusammenhängende Kantenfolge zu jedem anderen Knoten des Fahrkursgraphen.

Konsistenzbedingung 2
Alle Knoten des Fahrkursgraphen, die keines der Attribute Übergabe-, Übernahme- oder Haltepunkt tragen, besitzen mindestens zwei Kanten, die in ihnen münden oder von ihnen ausgehen (Kreuzung, Einmündung, Verzweigung).

Konsistenzbedingung 3
Der Transportbeziehungsgraph enthält nur Kanten von Knoten mit dem Attribut Übernahmepunkt zu Knoten mit dem Attribut Übergabepunkt (<u>Bild 4.5a</u>).

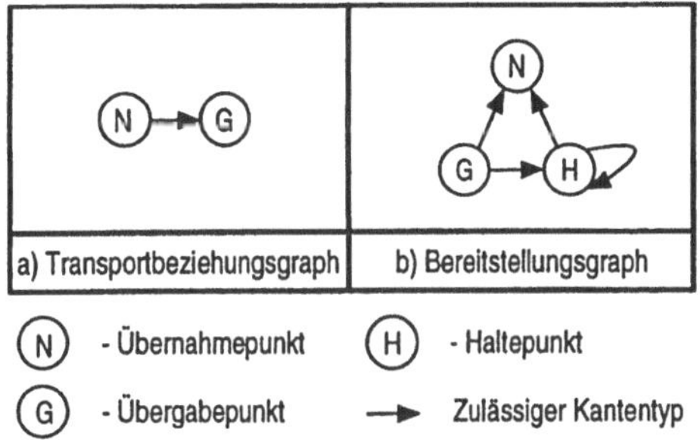

<u>Bild 4.5</u>:   Zulässige Kantentypen von Transportbeziehungs- und Bereitstellungsgraph

Konsistenzbedingung 4
Von jedem Knoten mit dem Attribut Übernahmepunkt geht mindestens eine Kante des Transportbeziehungsgraphen aus.

Konsistenzbedingung 5

In jedem Knoten mit dem Attribut Übergabepunkt endet mindestens eine Kante des Transportbeziehungsgraphen.

Konsistenzbedingung 6

Der Bereitstellungsgraph enthält nur Kanten von Knoten mit den Attributen Übergabe- oder Haltepunkt zu Knoten mit den Attributen Übernahmepunkt oder Haltepunkt (siehe auch Bild 4.5b).

Konsistenzbedingung 7

Die Vereinigung von Bereitstellungs- und Transportbeziehungsgraph ergibt einen streng zusammenhängenden gerichteten Graphen, d.h. für jeden Knoten gilt: Es existiert eine Kante oder zusammenhängende Kantenfolge zu jedem anderen Knoten.

4.3 Anzahl bereitzustellender Fahrprogramme in Abhängigkeit von der Größe und Struktur einer Anlage

Mit Hilfe der zuvor eingeführten graphentheoretischen Definition von Fahrkurs und Transportstruktur eines FTS lassen sich Aussagen über die Anzahl der bereitzustellenden Fahrprogramme in Abhängigkeit von der Größe und Struktur einer Anlage ableiten. Ausgangspunkt hierfür ist die Betrachtung möglicher Transportstrukturen.

4.3.1 Ausprägungen von Transportstrukturen

Das Verhältnis zwischen Knoten- und Kantenzahl des Transportbeziehungs- sowie des Bereitstellungsgraphen ist stark von der jeweiligen Anlage abhängig. Die Spanne reicht von einer nahezu vollständigen Vernetzung bis zu Graphen mit nur sehr wenigen Kanten. Meist gibt es Knoten, in denen besonders viele Kanten münden bzw. von denen besonders viele Kanten ausgehen. Ein Beispiel hierfür sind Lagereingänge und -ausgänge. Für die Transportstruktur in einem FTS gibt es nach /29/ vier ausgeprägte Grundtypen. Dies sind Sternstruktur, vollvernetzte Struktur, Rundkurs und Linienstruktur. Sie findet man in der Praxis meist in gemischter Form vor. Der Transportbeziehungsgraph des Beispiels aus Kapitel 4.1 (Bild 4.2, Bild 4.3, Bild 4.4) ist einer voll vernetzten Struktur ähnlich, besitzt jedoch nur 20 der 56 möglichen Kanten. Der Bereitstellungsgraph dieses Beispiels ist nahezu vollständig vernetzt.

4.3.2   Abschätzung der Anzahl bereitzustellender Fahrprogramme

Jede Kante sowohl des Transportbeziehungs- als auch des Bereitstellungsgraphen repräsentiert einen möglichen Fahrauftrag an ein FTF. Für jeden dieser Fahraufträge ist ein Fahrprogramm bereitzustellen. Läßt man Programmvarianten, die sich durch unterschiedliche Lasthandhabungsvorgänge in Abhängigkeit von der zu transportierenden Last und dem Zustand der Lastübergabe- bzw. Lastübernahmestation (z.B. Belegung eines Regallagers) ergeben, außer acht und unterscheidet gegebenenfalls nur zwischen einer Lastübergabe und einer Lastübernahme je Station, so müssen bei einer Kantenzahl E_T des Transportbeziehungsgraphen T und einer Kantenzahl E_B des Bereitstellungsgraphen B, $(E_T + E_B)$-Fahrprogramme zur Verfügung stehen. Um diese Anzahl von notwendigen Fahrprogrammen abzuschätzen, werden nachfolgend die im ungünstigsten Fall auftretenden maximalen Kantenzahlen $\max(E_T)$ des Transportbeziehungs- und $\max(E_B)$ des Bereitstellungsgraphen in Abhängigkeit von der Knotenzahl bestimmt. Dabei werden redundante Kanten zunächst nicht berücksichtigt. Um eine möglichst kompakte Formeldarstellung zu erhalten, werden folgende Abkürzungen eingeführt:

E_T	Kantenzahl des Transportbeziehungsgraphen T
E_B	Kantenzahl des Bereitstellungsgraphen B
$\max(E_T)$	Maximale Kantenzahl des Transportbeziehungsgraphen T
$\max(E_B)$	Maximale Kantenzahl des Bereitstellungsgraphen B
V_T	Knotenzahl des Transportbeziehungsgraphen
V_B	Knotenzahl des Bereitstellungsgraphen
$V_{W_{XYZ}}$	Anzahl der Knoten des gerichteten Graphen W ($W \in \{T, B\}$), die genau die Attribute X, Y und Z besitzen (X, Y, Z $\in \{N, G, H\}$ mit den Attributwerten N für Übernahme-, G für Übergabe- und H für Haltepunkt), wobei mindestens ein und maximal drei Attribute angegeben sein können. So gibt z.B. $V_{T_{NG}}$ die Anzahl der Knoten des Transportbeziehungsgraphen T mit genau den Attributen Übernahme- (N) und Übergabepunkt (G) an.

Aus den in Bild 4.5 aufgeführten prinzipiell zulässigen Kantentypen für Transportbeziehungs- und Bereitstellungsgraphen lassen sich die erlaubten Kantentypen für Graphen ableiten, die Knoten mit mehr als einem Attribut enthalten können (Bild 4.6).

Für den Transportbeziehungsgraphen ergibt sich gemäß <u>Bild 4.6a</u>:

$$
\begin{aligned}
\max(E_T) = \; & V_{T_N} V_{T_G} + V_{T_N} V_{T_{NG}} + V_{T_N} V_{T_{GH}} + V_{T_N} V_{T_{NGH}} \\
& + V_{T_{NG}} V_{T_{GH}} + V_{T_{NG}} V_{T_{NGH}} + V_{T_{NG}} V_{T_G} + V_{T_{NG}}{}^2 - V_{T_{NG}} \\
& + V_{T_{NH}} V_{T_{GH}} + V_{T_{NH}} V_{T_{NGH}} + V_{T_{NH}} V_{T_G} + V_{T_{NH}} V_{T_{NG}} \\
& + V_{T_{NGH}} V_{T_G} + V_{T_{NGH}} V_{T_{NG}} + V_{T_{NGH}} V_{T_{GH}} + V_{T_{NGH}}{}^2 - V_{T_{NGH}}
\end{aligned}
\tag{4.1}
$$

Dabei steht jeder Term für eine Kante im <u>Bild 4.6a</u>. Jede Kante im <u>Bild 4.6a</u> beschreibt die möglichen Kanten zwischen zwei hinsichtlich ihrer Attribute unterschiedenen Knotenarten des Transportbeziehungsgraphen. Die Terme ergeben sich durch eine Betrachtung der Knotenarten im Uhrzeigersinn, beginnend bei der Knotenart, die nur das Attribut Übernahmepunkt (N) trägt. Jede Zeile der Formel (4.1) beschreibt die von den Knoten einer Knotenart ausgehenden möglichen Kanten des Transportbeziehungsgraphen. Bei der Betrachtung der einzelnen Kanten im <u>Bild 4.6a</u> wurde ebenfalls im Uhrzeigersinn vorgegangen, beginnend von außerhalb des Graphen. Die so entstandene Abschätzung läßt sich wie folgt vereinfachen:

$$
\max(E_T) = \left(V_{T_N} + V_{T_{NG}} + V_{T_{NH}} + V_{T_{NGH}} \right)\left(V_{T_G} + V_{T_{NG}} + V_{T_{GH}} + V_{T_{NGH}} \right) - V_{T_{NG}} - V_{T_{NGH}}
\tag{4.2}
$$

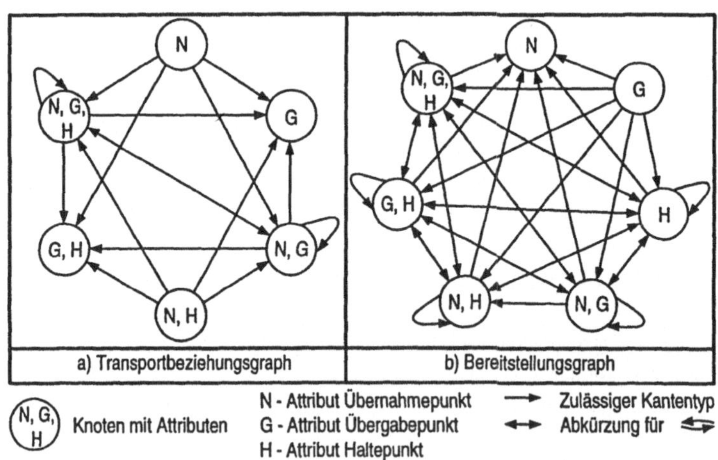

<u>Bild 4.6</u>: Zulässige Kanten von Transportbeziehungs- und Bereitstellungsgraphen mit Knoten, die mehr als ein Attribut besitzen können

Der erste Faktor erfaßt alle Knoten, die mindestens das Attribut Übernahmepunkt, und der zweite alle Knoten, die mindestens das Attribut Übergabepunkt tragen. Somit beschreibt der erste Term alle Kanten von jedem Knoten mit dem Attribut Übernahmepunkt zu allen Knoten mit dem Attribut Übergabepunkt. Die beiden negativen Terme schließen Kanten von Knoten, die beide Attribute Übernahme- und Übergabepunkt besitzen, auf sich selbst aus.

Die maximale Kantenzahl $\max(E_B)$ des Bereitstellungsgraphen bestimmt sich analog zur Vorgehensweise für $\max(E_T)$ gemäß <u>Bild 4.6b</u> wie folgt:

$$
\begin{aligned}
\max(E_B) = {} & V_{B_G} V_{B_H} + V_{B_G} V_{B_{NG}} + V_{B_G} V_{B_{NH}} + V_{B_G} V_{B_{GH}} + V_{B_G} V_{B_{NGH}} + V_{B_G} V_{B_N} \\
& + V_{B_H} V_{B_{NG}} + V_{B_H} V_{B_{NH}} + V_{B_H} V_{B_{GH}} + V_{B_H} V_{B_{NGH}} + V_{B_H} V_{B_N} + V_{B_H}^{\,2} - V_{B_H} \\
& + V_{B_{NG}} V_{B_{NH}} + V_{B_{NG}} V_{B_{GH}} + V_{B_{NG}} V_{B_{NGH}} + V_{B_{NG}} V_{B_N} + V_{B_{NG}} V_{B_H} + V_{B_{NG}}^{\,2} - V_{B_{NG}} \\
& + V_{B_{NH}} V_{B_{GH}} + V_{B_{NH}} V_{B_{NGH}} + V_{B_{NH}} V_{B_N} + V_{B_{NH}} V_{B_H} + V_{B_{NH}}^{\,2} - V_{B_{NH}} \\
& + V_{B_{GH}} V_{B_{NGH}} + V_{B_{GH}} V_{B_N} + V_{B_{GH}} V_{B_H} + V_{B_{GH}} V_{B_{NG}} + V_{B_{GH}} V_{B_{NH}} + V_{B_{GH}}^{\,2} - V_{B_{GH}} \\
& + V_{B_{NGH}} V_{B_N} + V_{B_{NGH}} V_{B_H} + V_{B_{NGH}} V_{B_{NG}} + V_{B_{NGH}} V_{B_{NH}} + V_{B_{NGH}} V_{B_{GH}} + V_{B_{NGH}}^{\,2} - V_{B_{NGH}}
\end{aligned}
$$

$$(4.3)$$

Diese sehr komplexe Formel kann, im Gegensatz zur Gleichung (4.1) für $\max(E_T)$, aufgrund der komplizierteren Zusammenhänge (vergleiche <u>Bild 4.5a</u> und <u>Bild 4.5b</u>) nicht mehr wesentlich vereinfacht werden.

Die Formeln (4.2) und (4.3) sind von quadratischer Komplexität, d.h. die Kantenzahl steigt im ungünstigsten Fall quadratisch mit der Anzahl der Knoten. Dies verdeutlichen die folgenden zwei Fälle:

1) Der ungünstigste Fall mit der größten Vernetzung, der eintritt, wenn alle Knoten drei Attributwerte besitzen. In diesem Fall gilt:

$$V_{T_N} = V_{T_G} = V_{T_{NG}} = V_{T_{GH}} = V_{T_{NH}} = 0 \tag{4.4}$$

$$V_{B_N} = V_{B_G} = V_{B_{NG}} = V_{B_{GH}} = V_{B_{NH}} = 0 \tag{4.5}$$

$$V_{T_{NGH}} = V_{B_{NGH}} = V_T = V_B \tag{4.6}$$

$$\max(E_T) = V_T^{\,2} - V_T \tag{4.2)'}$$

$$\max(E_B) = V_T^{\,2} - V_T \tag{4.3)'}$$

Der Wert $\left(V_T{}^2 - V_T\right)$ entspricht einer vollständigen Vernetzung der Graphen und verdeutlicht den quadratischen Zusammenhang zwischen Knoten- und Kantenzahl.

2) Eine praxisrelevante Konstellation mit einer gleichen Anzahl von Übergabe-, Übernahme- und Haltepunkten ohne Mehrfachattribute. Es ergibt sich:

$$V_{T_N} = V_{T_G} = \tfrac{1}{2}V_T = \tfrac{1}{3}V_B \tag{4.7}$$

$$V_{B_N} = V_{B_G} = V_{B_H} = \tfrac{1}{3}V_B \tag{4.8}$$

$$V_{T_{NG}} = V_{T_{GH}} = V_{T_{NH}} = V_{T_{NGH}} = 0 \tag{4.9}$$

$$V_{B_{NG}} = V_{B_{GH}} = V_{B_{NH}} = V_{B_{NGH}} = 0 \tag{4.10}$$

$$\max(E_T) = \tfrac{1}{9}V_B{}^2 \tag{4.2''}$$

$$\max(E_B) = \tfrac{4}{9}V_B{}^2 - \tfrac{1}{3}V_B \tag{4.3''}$$

Auch in diesem Fall zeigt sich ein quadratischer Zusammenhang zwischen Stationszahl und der maximal möglichen Kantenzahl.

Betrachtet man das Beispiel aus Kapitel 4.1 (Bild 4.2, Bild 4.3, Bild 4.4) ergibt sich:

$$\max(E_T) = 43 \qquad\qquad E_T = 20$$

$$\max(E_B) = 57 \qquad\qquad E_B = 57$$

Die maximal mögliche Kantenzahl des Transportbeziehungsgraphen wird in den meisten Fällen, wie auch das Beispiel zeigt, bedingt durch logistische Restriktionen nicht erreicht. So findet im Beispiel kein Materialtransport vom Lagerausgang direkt zum Lagereingang statt und bereits montierte Teile (Stationen 6, 7, 8, 9) werden nicht mehr zu den Bearbeitungszellen (1, 5) transportiert.

Eine Einschränkung des Bereitstellungsgraphen über die Restriktionen aus Bild 4.5b hinaus ist in den meisten Fällen nicht sinnvoll, da ein unbeladenes Fahrzeug an nahezu jeden beliebigen neuen Einsatzort beordert werden kann. Dies trifft auch im dargestellten Beispiel zu, bei dem E_B den Wert von $\max(E_B)$ erreicht.

4.3.3 Schlußfolgerungen

Ist das Aufnehmen und Abliefern mehrerer Teile an jeweils verschiedenen Stationen, entgegen der eingangs getroffenen Einschränkung auf Punkt-zu-Punkt-Verbindungen, zulässig, ergeben sich hinsichtlich der vorgenommenen Abschätzung sogar noch mehr bereitzustellende Fahrprogramme. Lediglich die Konsistenzbedingung 3 entfällt, da in diesem Fall keinerlei Einschränkungen der zulässigen Kanten gelten. Ähnlich verhält es sich mit den in der durchgeführten Abschätzung nicht berücksichtigten redundanten Kanten. Nimmt man sie hinzu, erhöht sich ebenfalls die Anzahl der bereitzustellende Fahrprogramme.

Die maximale Anzahl der Kanten von Transportbeziehungs- und Bereitstellungsgraph steigt trotz der vorgenommenen Einschränkungen im ungünstigsten Fall quadratisch mit der Stationszahl. Die maximale Anzahl wird in der Praxis durch logistische Restriktionen begrenzt. In der Summe beider Graphen wird dennoch meist eine nahezu vollständige Vernetzung erreicht. Da für jede Kante ein Fahrprogramm erforderlich ist, kann die sich daraus ergebende Anzahl von Fahrprogrammen nur bei sehr kleinen, wenig vernetzten Anlagen von Hand bereitgestellt werden. Der Programmieraufwand wäre sonst viel zu hoch. Im Regelfall ist eine Beschreibung der topologischen Struktur eines FTS und eine daraus abgeleitete, weitgehend automatische Bereitstellung der Fahrprogramme durch ein anwenderorientiertes Programmiersystem erforderlich. Dies ist bei der Definition einer Programmiersprache und der Entwicklung des zugehörigen Programmiersystems zu berücksichtigen.

4.4 Grundprinzip des Programmierverfahrens

Ausgehend von den durchgeführten graphentheoretischen Untersuchungen und den Schlußfolgerungen des vorhergehenden Kapitels kann nun das Grundprinzip des im Rahmen dieser Arbeit vorgestellten Verfahrens für die anwenderorientierte Programmierung von FTS erarbeitet werden.

Hierfür werden zunächst zwei Begriffe eingeführt. Ein *elementares Teilprogramm* ist ein Fahrprogramm, das zwei benachbarte topologische Punkte unmittelbar verbindet (entspricht einer Kante des Fahrkursgraphen) oder eine Aktion in einem topologischen Punkt beschreibt. Ein *übergeordnetes Fahrprogramm* ist ein Fahrprogramm mit integrierten topologischen Informationen und faßt mindestens eines, meist jedoch mehrere elementare Teilprogramme zu einer Organisationseinheit zusammen. Die Bezeichnung Fahrprogramm kann somit im folgenden als Oberbegriff für elementare Teilprogramme und übergeordnete Fahrprogramme verwendet werden.

Die Basis des Programmierverfahrens bildet eine um Elemente für Teach-in und Playback ergänzte explizite Programmiersprache. Mit Hilfe dieser Sprache wird der Fahrkurs einer Anlage festgelegt. Dies geschieht durch die Erstellung von übergeordneten Fahrprogrammen, die in ihrer Summe eine vollständige Überdeckung des Fahrkurses bilden. Es muß also nicht für jeden möglichen Auftrag ein Fahrprogramm explizit bereitgestellt und überprüft werden. Im Zusammenhang mit der Definition von topologischen Punkten in den übergeordneten Fahrprogrammen werden auch die an diesen Stellen gegebenenfalls durchzuführenden Aktionen der Fahrzeuge, beispielsweise eine Lasthandhabung, spezifiziert. Durch die Verwendung von übergeordneten Fahrprogrammen kann der Benutzer größere Bereiche des Fahrkurses zu Organisationseinheiten zusammenfassen, die sich auf einmal erstellen und testen lassen. Dadurch reduziert sich der Aufwand gegenüber der direkten Programmierung aller elementaren Teilprogramme erheblich. So reicht für das Anlagenbeispiel aus <u>Bild 4.2</u> ein einziges übergeordnetes Fahrprogramm anstelle der einzelnen Programmierung von über 27 elementaren Teilprogrammen aus. Es beginnt an einem beliebigen topologischen Punkt des Fahrkurses, führt sukzessive zu allen anderen topologischen Punkten und endet wieder im Ausgangspunkt. Informationen über die 18 topologischen Punkte des Beispielfahrkurses können dabei ebenso wie die notwendigen Aktionen für Lasthandhabung und Batterieladung im Programmtext spezifiziert werden.

Die übergeordneten Fahrprogramme werden anhand der enthaltenen topologischen Informationen automatisch in elementare Teilprogramme zerlegt (<u>Bild 4.7</u>) Außerdem werden bei der Programmzerlegung und -analyse Informationen über die topologische Struktur des Fahrkurses und Daten zur Verkehrsregelung abgeleitet, die dann der Auftragsplanungs- sowie der Verkehrsregelungskomponente der FTS-Steuerung zur Verfügung gestellt werden können.

Die elementaren Teilprogramme bilden zusammen mit den topologischen Informationen wesentliche Elemente der Datenbasis eines aufgabenorientierten Programmiersystems. Weitere Bestandteile der Datenbasis sind aktuelle Streckeninformationen und Daten über Fahrzeuge, Lasten, Übergabe- und Übernahmestationen. Alternativ zur Spezifikation der Aktionen für die Lasthandhabungen innerhalb der übergeordneten Fahrprogramme können die zugehörigen elementaren Teilprogramme, soweit es die vorhandenen Daten

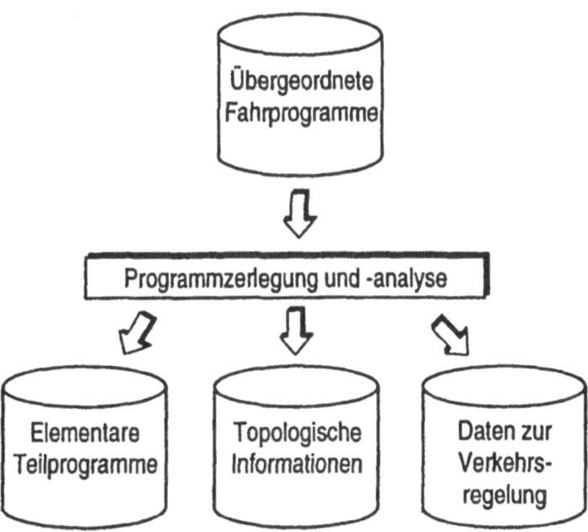

<u>Bild 4.7</u>: Programmzerlegung und -analyse von übergeordneten Fahrprogrammen

erlauben, auch automatisch generiert werden. Ausgehend von einer konkreten Aufgabenbeschreibung (Transportauftrag) sucht das aufgabenorientierte Programmiersystem
an Hand der topologischen Informationen einen Weg vom Start- zum Zielpunkt des
Auftrages und stellt daraus eine Liste von elementaren Teilprogrammen zusammen (<u>Bild</u>
<u>4.8</u>). Diese Liste wird noch um die auszuführenden Aktionen ergänzt und kann dann dem
steuerungsintegrierten On-line-Programmiersystem zur Abarbeitung übergeben werden.
Durch die Verwendung von bereits erstellten und erprobten Fahrprogrammen kann die
sonst bei aufgabenorientierten Programmiersystemen übliche eigenständige Bahnplanung entfallen. Die im <u>Bild 4.7</u> dargestellte Funktionalität der automatischen Analyse
und Zerlegung von übergeordneten Fahrprogrammen wird im folgenden als Teilkomponente der aufgabenorientierten Programmierung zur Bereitstellung der notwendigen
Datenbasis betrachtet.

Zur Erstellung der übergeordneten Fahrprogramme stehen sowohl ein Off-line- als auch
ein On-line-Programmiersystem (<u>Bild 4.9</u>) zur Verfügung. Die Hauptaufgaben des On-
line-Programmiersystems sind die Programmausführung im Automatikbetrieb, der Test
off line erstellter Programme sowie ihre Nachbearbeitung durch Teach-in, Play-back und
kleine Programmänderungen. Darüber hinaus ist eine völlig eigenständige Programmerstellung mit dem On-line-Programmiersystem für sehr kleine Anlagen möglich. Für
alle anderen Anlagen ist der Einsatz eines Off-line-Programmiersystems zur Planung,
Erstellung, Erprobung und Modifikation der Fahrprogramme sinnvoll. Dadurch werden
die Inbetriebnahmezeiten verkürzt, die Programmierung durch die grafischen Hilfsmittel

und Simulationsmöglichkeiten unterstützt sowie Modifikationen der Programme im laufenden Betrieb erleichtert.

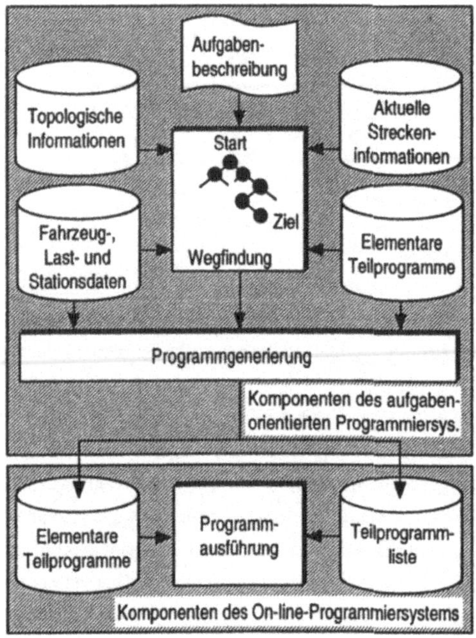

Bild 4.8: Bearbeitung einer Aufgabenbeschreibung

Sowohl im On-line- als auch im Off-line-Programmiersystem sollte der Programmierer durch eine Konsistenzprüfung unterstützt werden (siehe **Bild 4.9**). Da das aufgabenorientierte Programmiersystem ohnehin eine Konsistenzprüfung seiner Datenbasis (topologische Informationen, Transportbeziehungs- und Bereitstellungsgraph, etc.) durchführen muß, kann diese Teilkomponente bei der Programmerstellung zusammen mit den im Kapitel 4.2 definierten Konsistenzbedingungen zur automatischen Erkennung von Unvollständigkeiten und Inkonsistenzen herangezogen werden. Das aufgabenorientierte Programmiersystem kann darüber hinaus für die Erzeugung von Testprogrammen herangezogen werden. Sie sind für die vollständige Überprüfung von Kreuzungsbereichen, die bei der Erstellung und dem Test von übergeordneten Fahrprogrammen nicht befahren wurden, notwendig.

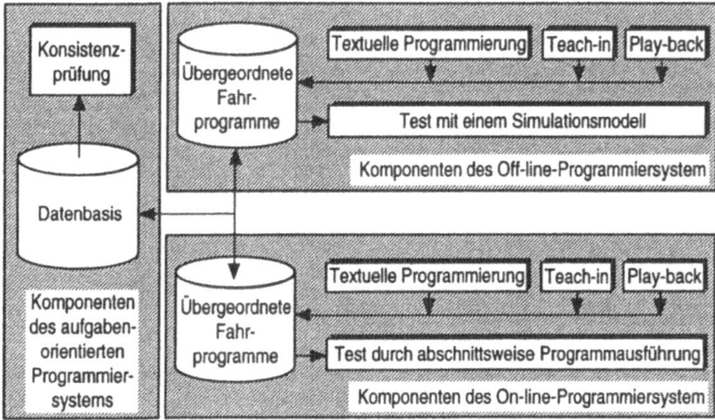

<u>Bild 4.9</u>: Erstellung und Test übergeordneter Fahrprogramme durch Komponenten des Off-line-, On-line- und aufgabenorientierten Programmiersystems

Damit stehen die notwendigen graphentheoretischen Definitionen und Hilfsmittel sowie das darauf basierende Grundprinzip des Programmierverfahrens für die Entwicklung eines Programmiersystems bereit. Es ergeben sich die folgenden Teilkomponenten eines solchen Systems, die in den nachstehenden Kapiteln zu erarbeiten sind:

- Programmiersprache für fahrerlose Transportsysteme,
- On-line-Programmiersystem,
- Off-line-Programmiersystem,
- aufgabenorientiertes Programmiersystem.

5 Programmiersprache für fahrerlose Transportsysteme

Eine explizite Programmiersprache für FTS wird im folgenden sukzessive hergeleitet. Ausgangspunkt ist der im Kapitel 3.2.1 festgelegte Aufgabenbereich eines anwenderorientierten Programmierverfahren. Er ist in einem ersten Schritt unter dem eingeschränkten Blickwinkel der Programmierung eines einzelnen FTF zu detaillieren, um daraus den grundlegenden Sprachumfang abzuleiten. Dann kann die Sichtweise auf die Programmierung eines FTS ausgeweitet werden, um die notwendigen Funktionalitäten zur Verkehrsregelung und Integration von topologischen Informationen zu bestimmen.

5.1 Analyse des Aufgabenspektrums

Für die explizite Programmierung eines einzelnen FTF ergibt sich das im <u>Bild 5.1</u> dargestellte Aufgabenspektrum. Es lassen sich die folgenden Bereiche identifizieren:

- **Zielpunktorientierte Fahrzeugbewegung**
  Die zentrale Aufgabe eines FTF ist die zielpunktorientierte Fahrzeugbewegung. Dabei ist zwischen Zielpunkten, die exakt angefahren, und solchen, die je nach Bahnverlauf nicht immer exakt erreicht werden, sondern nur zur Parametrierung einer Überschleifbewegung dienen (z.B. Kreuzungspunkte), zu unterscheiden. Die sich ergebende Bewegungsbahn muß reproduzierbar und hinsichtlich Geschwindigkeit, Beschleunigung und Bahngeometrie beeinflußbar sein. Das wichtigste Element zur Beschreibung der Bahngeometrie sind geradlinige Segmente vom Ausgangspunkt der Bewegung zum Zielpunkt. Bei der Kombination mehrerer solcher Segmente ist eine parametrisierbare Überschleiffunktion von großer Bedeutung. Andere Arten von Bahnsegmenten, z.B. der Kreisbogen haben eine geringere Bedeutung.

- **Bahnorientierte Fahrzeugbewegung**
  Die bahnorientierte Fahrzeugbewegung kommt zum Einsatz, wenn die Zielpunkte einer Bewegung für den Programmierer nicht klar ersichtlich sind. Beispiele hierfür sind die Stützpunkte einer komplizierten Rangierbewegung. Die sich ergebende Bewegungsbahn muß, wie bei der zielpunktorientierten Fahrzeugbewegung, reproduzierbar und hinsichtlich Geschwindigkeit, Beschleunigung und Bahngeometrie beeinflußbar sein.
  Die Verwendung der bahnorientierten Fahrzeugbewegung ist nur in Ausnahmefällen wie dem genannten Beispiel sinnvoll, da ihr Einsatz für den gesamten Fahrkurs insbe-

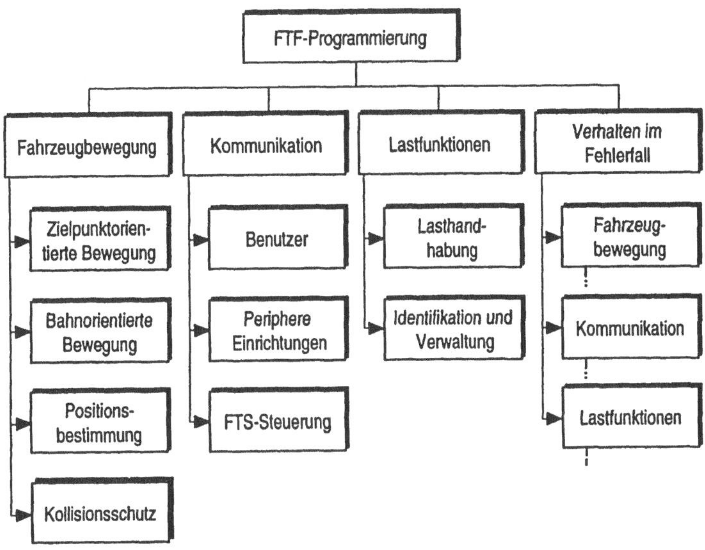

Bild 5.1: Aufgabenspektrum der anwenderorientierten Programmierung eines FTF

sondere bei längeren geradlinigen Streckenabschnitten zu nicht optimalen Bewegungsbahnen führen würde. Damit ist dieser Art der Fahrzeugbewegung eine geringere Bedeutung als der zielpunktorientierten Fahrzeugbewegung zuzuordnen.

- **Positionsbestimmung**

Je nach verwendeten Navigationsverfahren wird die Positionsbestimmung durch die FTF-Steuerung automatisch durchgeführt, oder sie ist vom Fahrprogramm aus anzusteuern. Im letzteren Fall muß die Navigationssensorik ausgewählt, parametriert sowie ein- und ausgeschaltet werden können. Dies führt zu einer etwas aufwendigeren Erstellung der Fahrprogramme als im ersten Fall, ermöglicht aber einen direkten Zugriff auf die Positionsbestimmung und damit gute Eingriffsmöglichkeiten für Änderungen und Erweiterungen.

- **Kollisionsschutz**

Während der Fahrzeugbewegung ist die wichtigste Aufgabe der FTF-Steuerung, Kollisionen mit Hindernissen auf dem Fahrkurs zu vermeiden. Neben passiven Sicherheitseinrichtungen wie Bumpern werden auch flexibel programmierbare Sensoren eingesetzt, um eine direkte Bumperkollision zu vermeiden. Die Parametrierung dieser Sensoren muß situationsgerecht vom Anwendungsprogramm aus erfolgen können.

- Kommunikation mit dem Benutzer

Der Begriff Benutzer ist in diesem Zusammenhang sehr weit gefaßt und steht für

- den Bediener von Übernahme-, Übergabe- und Haltestationen,
- das Wartungspersonal des FTF,
- sonstige Personen, die sich im Arbeitsraum des FTF aufhalten.

Wichtige Kommunikationsaufgaben mit dem Benutzer sind:

- Auftragseingabe und -quittierung,
- Bearbeitungshinweise, Be- und Entladeanweisungen an das Stationspersonal,
- Fahrtrichtungsanzeige,
- akustische und optische Warnsignale,
- Statusanzeigen,
- Störmeldungen.

- Kommunikation mit peripheren Einrichtungen

Eine Kommunikation mit den folgenden Arten von peripheren Einrichtungen ist im Bedarfsfall erforderlich:

- Lastübernahmestation,
- Lastübergabestation,
- Haltestation (z.B. eine Batterieladestation),
- Gebäudeeinrichtung (Aufzug, Tür, Ampel, etc.).

Das Spektrum der Kommunikation reicht dabei von der Synchronisierung über binäre Ein- und Ausgabe bis zur Übertragung kompletter Bearbeitungsprogramme im Sinne eines den Materialfluß begleitenden dezentralen Informationsflusses.

- Kommunikation mit der FTS-Steuerung

Hinsichtlich der Kommunikation zwischen einzelnen FTF und der FTS-Steuerung ist zunächst zu unterscheiden, ob die Beauftragung der FTF dezentral oder zentral erfolgt.

Im dezentralen Fall wird die Beauftragung des FTF durch den Bediener am FTF vorgenommen. Kann der dazu erforderliche Dialog vom Fahrprogramm aus gesteuert werden, ist dies hinsichtlich möglicher Erweiterungen sehr vorteilhaft. Dabei ist es im Sinne eines transparenten Materialflusses notwendig, daß Informationen über den eingegebenen Auftrag und den durchgeführten Materialtransport an die FTS-Steuerung weitergeleitet werden können. Außerdem müssen Informationen über den Zustand der anzufahrenden Stationen von der FTS-Steuerung abfragbar sein.

Im zentralen Fall dagegen werden die Transportaufträge vom Leitrechner generiert und durch die FTS-Steuerung an das FTF weitergeleitet. In diesem Fall wird die Kommunikation mit der FTS-Steuerung durch die FTF-Steuerung automatisch abgewickelt und ist für die Fahrprogramme transparent. Unter dem Gesichtspunkt der Erweiterbarkeit ist es dennoch auch in diesem Fall notwendig, eine Kommunikationsmöglichkeit mit der FTS-Steuerung aus dem Fahrprogramm heraus zur Verfügung zu haben. Damit lassen sich fehlende Funktionalitäten der FTF-Steuerung vom Fahrprogramm aus kompensieren. Beispiele hierfür sind der Abbruch eines laufenden Fahrprogrammes durch die FTS-Steuerung an definierten Punkten des Fahrkurses oder die regelmäßige Meldung der Position des Fahrzeuges an die FTS-Steuerung.

- **Lasthandhabung**

Das Spektrum des für die Lasthandhabung an Übernahme-, Übergabe- und Haltestationen abzudeckenden Aufgabenspektrums ist sehr breit und reicht von einer durch das FTF passiven Lasthandhabung, die lediglich eine Synchronisierung mit der angefahrenen Station erfordert, bis hin zu einer komplexen aktiven Lasthandhabung mit bis zu 6 Freiheitsgraden (mobiler Roboter).

- **Lastidentifikation und -zustandsverwaltung**

Insbesondere bei FTF, die mehrere unabhängige Transportgüter zu teilweise verschiedenen Orten transportieren können, ist eine Verwaltung der Lasten und des noch verfügbaren Laderaumes erforderlich. In Anlagen ohne eine zentrale Materialflußsteuerung sollte dies lokal innerhalb des Fahrprogramms realisierbar sein.

Die Möglichkeit zur Identifikation der auf einem FTF befindlichen Last erleichtert die Verwirklichung eines automatischen und transparenten Materialflusses.

- **Verhalten im Fehlerfall**

Die Reaktion auf Fehlersituationen sollte auf zwei unterschiedlichen Ebenen erfolgen können:

- Innerhalb eines Fahrprogramms kann auf vorhersehbare und im Rahmen des vorliegenden Fahrauftrags behebbare Störungen reagiert werden. Dazu sind, abhängig von frei programmierbaren Bedingungen, zum geplanten Ablauf alternative Aktionen vorzusehen.
- Bei sehr gravierenden Störungen, die eine weitere Bearbeitung des aktuell vorliegenden Fahrauftrages nicht mehr möglich erscheinen lassen, ist eine vom Anwen-

der definierbare Fehlerreaktion auszulösen. Im Rahmen der Fehlerreaktion wird nach der Unterbrechung des aktuell bearbeiteten Fahrprogramms versucht, einen gesicherten Betriebszustand wiederherzustellen. Für jeden derartigen Störungsfall sollte ein anwendungsspezifisches Reaktionsprogramm bereitgestellt werden können.

Für das Verhalten im Fehlerfall wird das gesamte bislang beschriebene Aufgabenspektrum aus den Bereichen Fahrzeugbewegung, Kommunikation und Lastfunktionen benötigt.

5.2   Grundlegender Sprachumfang

Aus dem im vorangehenden Kapitel definierten Aufgabenspektrum der Programmierung eines einzelnen FTF und den Anforderungen aus Kapitel 3.2 kann nun der benötigte grundlegende Umfang einer anwenderorientierten Programmiersprache abgeleitet werden. Dabei lassen sich Elemente von bestehenden Konzepten zur Programmierung von Industrierobotern /60/ und Werkzeugmaschinen /61/, soweit es für die Programmierung eines einzelnen FTF sinnvoll erscheint, übernehmen und um FTF-spezifische Funktionen, beispielsweise beim Bewegungsbefehl und der Sensorik, ergänzen.

Der grundlegende Sprachumfang gliedert sich in Gruppen. Jede Gruppe umfaßt mindestens ein syntaktisches Sprachelement, meist werden jedoch mehrere benötigt. Die konkrete Umsetzung dieser Sprachelemente in eine Programmiersprache erfolgt im Zusammenhang mit der Beschreibung des realisierten Gesamtsystems (Kapitel 7). Im einzelnen sind die folgenden Gruppen von Sprachelementen für die anwenderorientierte Programmierung von FTS bereitzustellen, wobei sich ihr jeweiliges Einsatzgebiet aus der Gegenüberstellung mit dem abzudeckenden Aufgabenspektrum in Tabelle 5.1 ergibt:

- **Datentypen, Variable und Konstante**
  Grundlegende Datentypen sind:
    - binäre Werte,
    - ganze Zahlen,
    - gebrochene Zahlen,
    - Zeichen,
    - Zeichenketten,
    - Textdateien,
    - Maschinenkoordinatenwerte,
    - Raumposition,
    - Raumorientierung,
    - Raumposition und -orientierung.

Aufgabenspektrum	Sprachelementgruppen	Datentypen, Variable, Konstante	Strukturierte Programmierung	Unterprogrammkonzept	Bewegungsbefehl	Sensorfunktionen	Wartebefehl	Kommunikation
Fahrzeugbewegung	Zielpunktorieniert	●	○	○	●	◑	○	○
Fahrzeugbewegung	Bahnorientiert	●	○	○	●	◑	○	○
Fahrzeugbewegung	Positionsbestimmung	●	◑	◑	◑	◑	◑	◑
Fahrzeugbewegung	Kollisionsschutz	●	◑	◑	◑	●	◑	◑
Kommunikation	Benutzer	●	●	◑	○	○	◑	●
Kommunikation	Periphere Einrichtung	●	●	◑	◑	○	◑	●
Kommunikation	FTS-Steuerung	●	●	◑	○	○	◑	●
Lastfunktionen	Handhabung	●	●	◑	◑	◑	●	◑
Lastfunktionen	Identifikation und Verwaltung	●	●	◑	○	◑	○	◑
	Verhalten im Fehlerfall	●	●	●	●	◑	●	●

● Funktionalität benötigt   ◑ Funktionalität teilweise benötigt   ○ Funktionalität nicht benötigt

Tabelle 5.1: Gegenüberstellung des Aufgabenspektrums und der erforderlichen Sprachelementgruppen zur anwenderorientierten Programmierung von FTS

Mit Hilfe der Sprachelemente Feld und Verbund werden auf Basis der grundlegenden Datentypen benutzerdefinierte Datentypen gebildet. Ausgehend von den vorhandenen und neugebildeten Datentypen können Variable und Konstante deklariert werden.

Eine besondere Klasse von Variablen (Tabelle 5.2) sind *E/A-Kanäle*, deren Werte nicht im Hauptspeicher sondern auf bzw. von E/A-Schnittstellen der Steuerungs-Hardware geschrieben bzw. gelesen werden. Es gibt E/A-Kanäle, auf die nur lesend (Eingang) oder nur schreibend (Ausgang) zugegriffen werden darf. Es können binäre, ganzzahlige, analoge und serielle E/A-Kanäle definiert werden.

Eine weitere Klasse von Variablen stellen die *Teach-Variablen* (Tabelle 5.2). Die Werte von Teach-Variablen behalten über die Programmausführung hinaus ihre Gültigkeit. Hauptanwendungsgebiet sind Teach-in-Punkte und das Speichern kompletter Bewegungsbahnen beim Play-back.

Variablen mit schreibendem Zugriff können das Ziel einer Zuweisungsoperation sein. Die Bildung arithmetischer und logischer Ausdrücke erfolgt unter Verwendung von

Variablenklassen	Standard	E/A-Kanal	Teach-Variable
Kennzeichen	lesender und schreibender Zugriff	nur lesend, nur schreibend oder lesender und schreibender Zugriff	lesender und schreibender Zugriff sowie permanente Speicherung

Tabelle 5.2:   Variablenklassen und ihre Kennzeichen

Operatoren (z.B. +, -, *, /). Ausdrücke werden bei Zuweisungen und zur Formulierung von Bedingungen bei Sprachelementen der strukturierten Programmierung verwendet.

- **Strukturierte Programmierung**

  Zur Beschreibung des Kontrollflusses eines Fahrprogramms dienen die Elemente der strukturierten Programmierung (Repeat-, While- und For-Schleife sowie If-then-else- und Case-Verzweigungen).

- **Unterprogrammkonzept**

  Es können parametrierbare Funktionen (mit Rückgabewert) und Prozeduren (ohne Rückgabewert) zur Gliederung der Fahrprogramme deklariert werden. Dies ermöglicht auch eine einfache Erweiterung des Funktionsumfangs durch Systembibliotheken, z.B. zur Ansteuerung einer speziellen Sensorik. Soll der Quellcode dieser Systembibliotheken vor dem Benutzer verborgen werden, ist die Unterprogrammtechnik noch um ein Modulkonzept zu ergänzen, das es erlaubt, den Quellcode in mehrere getrennt übersetzbare Dateien aufzuteilen.

- **Bewegungsbefehl**

  Der Bewegungsbefehl ist die komplexeste Anweisung des vorgeschlagenen Sprachumfangs. Die Vielzahl notwendiger Parametrierungsmöglichkeiten zeigt Tabelle 5.3.

- **Sensorfunktionen**

  Neben den Parametrierungsmöglichkeiten des Bewegungsbefehls ist die Ansteuerung der Navigations- und Kollisionsschutzsensorik auch bei Fahrzeugstillstand oder zwischen zwei Bewegungssätzen ohne Genauhalt möglich.

Parameter	Ausprägung	Bedeutung
Kinematik	Fahrzeug, Lasthandhabungseinrichtung, sowie beide synchron.	Auswahl der zu bewegenden Kinematik. Lasthandhabungseinrichtung und Fahrzeug können getrennt oder synchron angesteuert werden.
Interpolationsart	PTP und Spline (nur Lasthandhabung); Linear, Kreis; Leitspur (nur FTF).	Form der Bewegungsbahn: Punkt-zu-Punkt (PTP), Spline, geradlinig, kreisförmig oder einer Leitspur folgend.
Zielangabe	Zielpunkt (PTP und Linear), Zielpunkte (Spline), Ziel- und Hilfspunkt (Kreis), Frequenz (aktive Leitlinie), Richtung (passive Leitlinie).	Spezifikation des Bewegungsziels. Die Zielangabe kann die Zielkoordinaten der Lasthandhabungseinrichtung, des Fahrzeugs oder von beiden gemeinsam spezifizieren.
Zielansteuerung	exakt, überschleifend.	Auswahl, ob der Zielpunkt exakt mit Zwischenhalt oder überschleifend angefahren werden soll.
Überschleifmodus	Überschleifradius.	Angabe eines kreisförmigen Bereichs, in dem das Überschleifen erfolgt.
Koordinatensystem	Referenzkoordinatensystem sowie aktuelle Position und Orientierung	Koordinatenwerte des Zielpunktes sind bezogen auf das aktuelle Referenzkoordinatensystem oder die aktuelle Position und Orientierung.
Bewegungsparameter	Beschleunigung, Geschwindigkeit oder Fahrzeit.	Einfluß auf Beschleunigung und Geschwindigkeit.
Sensorik	Sensorauswahl, Sensorparametrierung, Sensoraktivierung	Auswahl, Parametrierung und Aktivierung der Referenzsensorik.
Bewegungsabbruch	Logischer Ausdruck mit E/A-Werten.	Definierter Bewegungsabbruch bei bestimmten E/A-Werten.

Tabelle 5.3: Parameter des Bewegungsbefehls

- **Wartebefehl**

Zur Synchronisierung von Interaktionen wie der Lasthandhabung kann mit dem Wartebefehl eine bestimmte Zeit oder auf das Eintreten eines aus E/A-Kanälen gebildeten logischen Ausdrucks gewartet werden.

- **Kommunikation**

Für die Handhabung von Kommunikationsverbindungen stehen Befehle zum Öffnen und Schließen sowie zum Lesen und Schreiben bereit. Darauf aufbauend können in Systembibliotheken höherwertige Funktionen, z.B. zur komfortablen Ansteuerung einer Bedientafel, definiert werden.

5.3   Definition der Verkehrsregelungsstruktur

Die Definition der Verkehrsregelungsstruktur besitzt wie die zuvor beschriebene Programmierung eines einzelnen FTF einen konkreten Bezug zur Geometrie des Fahrkurses. Um beides mit einem Werkzeug durchführen zu können, ist es daher sinnvoll, Elemente zur Definition der Verkehrsregelungsstruktur in die explizite Programmiersprache für FTF zu integrieren. Grundlage hierfür ist die im Kapitel 2.3 eingeführte Unterteilung eines Fahrkurses in Blockstrecken. Welche Möglichkeiten sich hierfür ergeben, zeigt <u>Tabelle 5.4</u> in einer bewertenden Übersicht.

Am günstigsten erscheint die Einführung von zwei eigenständigen Anweisungen zur Anforderung (*Blockungsanweisung*) und Freigabe (*Freigabeanweisung*) einer Blockstrecke. Diese Anweisungen entsprechen weitgehend den aus der Informatik bekannten Semaphoroperationen P (Blockungsanweisung) und V (Freigabeanweisung) /62/ und dienen zur gegenseitigen Verriegelung von Programmabschnitten bzw. diesen Programmabschnitten korrespondierenden Fahrkursbereichen. Da ein Fahrzeug jeweils nur eine Blockstrecke belegen kann, werden zur Verringerung des Programmieraufwandes die folgenden Vereinfachungen des generellen Semaphorkonzeptes vorgenommen:

- Im Fall der vollständigen Überdeckung des Fahrkurses mit Blockstrecken wird keine explizite Freigabeanweisung benötigt. Die Freigabe der gerade belegten Blockstrecke kann in diesem Fall implizit nach der erfolgreichen Anforderung der nächsten Blockstrecke durch eine Blockungsanweisung erfolgen. Die Blockungsanweisung besitzt als Parameter die Kennung der angeforderten Blockstrecke. Diese Kennung ist vom Programmierer nur für Teilprogramm-übergreifende Blockstrecken, z.B. für eine

Verfahren	Beschreibung	Bewertung
Implizite Steuerung durch Bodenanlage	Die Verkehrsregelung erfolgt ohne Anweisungen im Fahrprogramm durch Magnetcodierungen und -schalter sowie das Freischalten von Frequenzen der Bodenanlage.	Kein Programmieraufwand; aufwendige Inbetriebnahme und Modifikation der Bodenanlage.
Standard- anweisungen	Mit Hilfe von Standardanwe- isungen (E/A-Variable, Kommuni- kation und strukturierter Program- mierung) wird die Blockstrecken- abfrage und -freigabe sowie die Auswertung der Antwort explizit programmiert.	Umständliche Programmierung; je nach Implementierung von Lauf- zeitkomponente des Programmier- systems und Geometriedatenverar- beitung gibt es u.U. ungewollte Verzögerungen bis hin zum Still- stand der Fahrzeugbewegung.
Blockungs- und Freigabe- anweisung	Blockstrecken werden durch spe- zielle Anweisungen angefordert (Blockungsanweisung) und freige- geben (Freigabeanweisung).	Einfache Programmierung; kontinuierliche Fahrzeugbewegung bei freier Blockstrecke.

Tabelle 5.4: Vergleich möglicher Verfahren zur Definition der Verkehrsregelungsstruktur

Kreuzung, zu spezifizieren. Eindeutige Kennungen für Blockstrecken zur Abstands-
regelung von Fahrzeugen ohne Eigenblockung auf einer freien Fahrstrecke können
dagegen vom Programmiersystem automatisch generiert werden.

- Für den Fall einer nur teilweisen Überdeckung des Fahrkurses mit Blockstrecken und
  einer eigenständigen Blockung der Fahrzeuge auf dem übrigen Teil des Fahrkurses ist
  eine explizite Freigabeanweisung erforderlich. Die Freigabeanweisung benötigt
  jedoch keine Parameter, da die durch das Fahrzeug belegte Blockstrecke der Blockstreckensteuerung bekannt ist.

Die Blockungsanweisung bewirkt eine Anfrage der FTF-Steuerung bei der Blockstreckensteuerung nach einem exklusiven Zugriff auf die in ihrem Parameter spezifizierte Blockstrecke. Ist die angeforderte Blockstrecke frei, wird die Programmausführung fortgesetzt und die zuvor verriegelte Blockstrecke automatisch (z.B. nach einer fest

vorgegebenen Wegstrecke) oder durch eine explizite Freigabeanweisung freigegeben. Ist dagegen die angeforderte Blockstrecke im Moment durch ein anderes Fahrzeug belegt, wird die Programmausführung unterbrochen, bis die angeforderte Blockstrecke durch die Blockstreckensteuerung explizit für das blockierte Fahrzeug freigegeben wird. Befindet sich das Fahrzeug zu diesem Zeitpunkt in Bewegung, wird eine Bremsung bis zum Stillstand ausgelöst und die Bewegung erst nach erfolgter Freigabe durch die Blockstreckensteuerung fortgesetzt.

Mit der Blockungs- und Freigabeanweisung können Kollisionen zwischen den Fahrzeugen eines FTS vermieden werden. Noch nicht berücksichtigt sind dabei Möglichkeiten zur Optimierung der Transportleistung durch eine gezielte Vorfahrtsregelung. <u>Tabelle 5.5</u> zeigt verschiedene Mechanismen zur Vorfahrtsregelung, wie sie sich aus dem Bereich des Straßenverkehrs ableiten lassen. Bei den in der Tabelle beschriebenen Realisierungsformen ist es wichtig zu betonen, daß eine Blockstreckensteuerung stets unter der Berücksichtigung der folgenden Prioritätsstufen Blockstrecken freigibt:

1. Kollisionsvermeidung,
2. Verhinderung einer Systemverklemmung (Deadlock),
3. Durchsatzoptimierung durch spezielle Vorfahrtsregeln.

Unter der Prämisse, daß in der überwiegenden Mehrzahl der eingesetzten FTS die Verkehrsdichte deutlich geringer ist als beim zum Vergleich herangezogenen Straßenverkehr, besitzt die ankunftszeitgesteuerte Vorfahrtsregelung die größte Praxisrelevanz. Sie erfordert über die Blockstreckenstruktur hinaus keine Zusatzinformationen. Daneben kommt auch der prioritätsgesteuerten Vorfahrtsregelung eine gewisse Bedeutung zu. Bei ihr ist die Priorität des Transportauftrags an die Blockstreckensteuerung zu übermitteln. Weitere Zusatzinformationen sind nicht erforderlich. Ist dagegen aufgrund bestimmter Randbedingungen eine weitergehende Vorfahrtsregelung zur Optimierung der Transportleistung eines FTS erforderlich, müssen über die Blockstreckenstruktur hinausgehende Zusatzinformationen (Ampelzeiten, Vorfahrtszuweisung, usw.) spezifiziert werden. Da diesen Zusatzinformationen, im Gegensatz zur Blockungs- und Freigabeanweisung, keine Aktionen des Fahrzeugs entsprechen und sie nur für die Blockstreckensteuerung relevant sind, sollten sie nicht im Fahrprogramm abgelegt sein. Vielmehr ist es sinnvoll, sie auf Basis des Fahrkursgraphen und der Blockstreckenstruktur mit Hilfe eines möglichst grafisch gestützten Werkzeuges, das der Off-line-Programmierung zuzuordnen ist, zu definieren.

Vor-fahrts-mecha-nismus	Analogie aus dem Straßen-verkehr	Definition	Realisierung
Ankunfts-zeit	4-Way-Stop	Es werden keine über die Blockstrecken-struktur hinausge-hende Informationen benötigt.	Die Blockstreckenanfragen werden in der Reihenfolge ihres Eingangs von der Blockstreckensteuerung bearbeitet. Eine Rechts-vor-Links-Regelung wie im Straßenverkehr ist durch das Vor-handensein der Blockstreckensteuerung als zentraler Instanz nicht erforderlich.
Fahrt-richtung	Vorfahrts-zeichen	Auswahl der vor-fahrtsberechtigten Kante aus den einer Blockstrecke zuge-ordneten Kanten des Fahrkursgraphen.	Bei Blockstreckenanfragen von nicht vorfahrtsberechtigten Kanten des Fahr-kursgraphen wird vor der Prüfung der angeforderten Blockstrecke noch zu-sätzlich die Belegung der vorgelagerten Blockstrecke auf der vorfahrtsberech-tigten Kante des Fahrkursgraphen abge-fragt.
Ampel	Ampel, Verkehrs-polizist	Festlegung von Zeit-verhältnissen oder Auswahl durchsatz-abhängiger Algo-rithmen für die einer Blockstrecke zuge-ordneten Fahrkurs-graphenkanten.	Zeitlich gesteuerte wechselnde Blocka-de der Blockstreckenanforderungen einzelner Kanten des Fahrkursgraphen.
Priorität	Rettungs-fahrzeuge	Bei der Auftragsver-gabe erfolgt eine Zuweisung der Priorität des Trans-portvorganges.	Die oben beschriebenen Mechanismen werden prioritätsabhängig außer Kraft gesetzt. Blockstrecken werden priori-tätsgesteuert zugeteilt.

Tabelle 5.5:   Mechanismen zur Vorfahrtsregelung auf der Basis von Blockstrecken

Der Verkehr an mehrspurigen Kreuzungen kann zusätzlich optimiert werden, indem abhängig von der gewünschten Fahrtrichtung, sich mehrere Fahrzeuge auf einer Kreuzung bzw. in einer Blockstrecke aufhalten können (z.B. zwei sich aufeinander zu bewegende Fahrzeuge, die beide rechts abbiegen). Dazu müssen entsprechende Algorithmen in der Blockstreckensteuerung eingesetzt und die beabsichtigte Fahrtrichtung (erkennbar aus dem nächsten auszuführenden elementaren Teilprogramm) durch die FTF-Steuerung bei einer Blockungsanweisung an die Blockstreckensteuerung übermittelt werden.

Damit zeigt sich, daß die vorgestellten Blockungs- und Freigabeanweisungen, in Verbindung mit entsprechenden Algorithmen in der Blockstreckensteuerung und u.U. einigen Zusatzinformationen, auch für eine über das reine Blockstreckenprinzip hinausgehende Vorfahrtsregelung und Durchsatzoptimierung geeignet sind.

Daten über die Blockstreckenstruktur als Grundlage für die Blockstreckensteuerung können zusammen mit den im folgenden Kapitel beschriebenen topologischen Informationen automatisch aus dem Programmtext abgeleitet werden (siehe Kapitel 6.3).

5.4 Topologische Informationen

Die Schlußfolgerungen von Kapitel 4.3.3 zeigen, daß die Kenntnis der topologischen Struktur des Fahrkurses eine fundamentale Voraussetzung für ein anwenderorientiertes Programmierverfahren für FTS ist. Dazu müssen Informationen über die topologischen Punkte (Knoten des Fahrkursgraphen) sowie ihre Verbindungen (Kanten des Fahrkursgraphen) bekannt sein. Der Aufwand für den Programmierer wäre am geringsten, wenn sich diese Daten automatisch aus den in den übergeordneten Fahrprogrammen enthaltenen geometrischen Informationen über den Fahrkurs ableiten ließen. Ein Beispiel hierfür ist die Identifikation einer Kreuzung am Schnittpunkt von zwei Fahrkursabschnitten. Eine automatische Ableitung der topologischen Informationen aus den übergeordneten Fahrprogrammen ist jedoch aus folgenden Gründen nicht möglich:

- Nicht jeder Schnittpunkt von Fahrkursabschnitten ist eine Kreuzung, bei der ein Abbiegen von einer Fahrtrichtung in eine andere zulässig ist.
- Der Startpunkt eines Programms läßt sich nicht aus dem Programmtext ableiten.
- Insbesondere bei Navigationsverfahren, die auf der diskreten Referenzierung beruhen, ist aufgrund der ungenauen bzw. nicht vorliegenden absoluten geometrischen Informationen die Ableitung von Fahrkursschnittpunkten (Kreuzungen, Verzweigungen,

Einmündungen) ebenso wie die Bestimmung des Endpunktes eines Fahrprogramms nicht möglich.

- Halte-, Übernahme- und Übergabepunkte sowie die bei ihnen erforderlichen Aktionen zur Lasthandhabung können nicht automatisch identifiziert werden.

Daraus folgt, daß für die Spezifikation der notwendigen topologischen Informationen explizite Anweisungen in den übergeordneten Fahrprogrammen erforderlich sind. Eine Möglichkeit, diese Informationen mit einer Programmiersprache zu spezifizieren, ist die Einführung einer Anweisung zur Beschreibung eines topologischen Punktes (Name, zulässige Kanten, Attribute). Um die Übersichtlichkeit zu erhöhen, wird hier entsprechend der verschiedenen Arten von topologischen Punkten allerdings vorgeschlagen, die folgenden vier Anweisungen einzuführen:

- Die *Start-* und *Endpunktanweisung* benennen den Start- bzw. Endpunkt eines übergeordneten Fahrprogramms. Außerdem können unzulässige Kanten zu anderen topologischen Punkten und die Attribute des Punktes definiert werden.
- Die *Stationsanweisung* kennzeichnet die Lage und den Namen eines Halte-, Übernahme- oder Übergabepunktes. Die Art der Station läßt sich mit Hilfe von Attributwerten spezifizieren.
- Durch die *Kreuzungsanweisung* werden Kreuzungen, Verzweigungen oder Einmündungen definiert. Unzulässige Kanten zu anderen topologischen Punkten können, falls erforderlich, aufgeführt werden.

Die Lage der Stations- und Kreuzungsanweisung im Programmtext spezifiziert die geometrische Lage der zugehörigen topologischen Punkte. Um eine Zerlegung in elementare Teilprogramme zu gewährleisten, dürfen diese Anweisungen nur auf der Ebene des Hauptkontrollflusses verwendet werden. Die Position der Start- und Endpunktanweisung ist dagegen unerheblich. Zur Erhöhung der Übersichtlichkeit werden sie jedoch am günstigsten am Programmanfang plaziert.

Mit Hilfe der oben angeführten Anweisungen können automatisch alle Knoten und Kanten des Fahrkursgraphen abgeleitet und die auf den Fahrkurs bezogenen Konsistenzbedingungen aus Kapitel 4.2 überprüft werden.

Für die Erfassung der an bestimmten topologischen Punkten erforderlichen Aktionen der FTF, im wesentlichen Lasthandhabungsvorgänge aber auch andere Fahrzeugaktionen wie die Batterieladung, wird eine weitere Anweisung, die *Aktionsanweisung* eingeführt.

Eine Liste von Aktionsanweisungen kann im Anschluß an eine Startpunkt-, Endpunkt- oder Stationsanweisung aufgeführt werden, um die an dieser Stelle möglichen Fahrzeugaktionen zu definieren. Eine Aktionsanweisung besteht aus einer Aktionsbezeichnung, einer Liste von Programmanweisungen und optional beliebigen Parameterdeklarationen. Beim Test von übergeordneten Fahrprogrammen kann die Liste von Programmanweisungen einer Aktionsanweisung an den jeweiligen topologischen Punkten parametriert und ausgeführt werden. Für ihre Verwendung durch das aufgabenorientierte Programmiersystem müssen die Aktionsanweisungen in eigenständige elementare Teilprogramme umgewandelt werden.

5.5   Zusammenfassung

Die im Rahmen dieses Kapitels erarbeitete Sprache erlaubt eine durchgängige und effiziente Programmierung aller für FTS relevanten Aufgaben. Dies umfaßt die Grundfunktionen wie Fahrzeugbewegung, Kommunikation, Lasthandhabung und Verhalten im Fehlerfall. Hinzukommen Elemente zur Definition der Verkehrsregelungsstruktur sowie der topologischen Struktur des Fahrkurses.

Mit dieser Sprache werden die im Kapitel 3.2 aufgestellten funktionalen und ergonomischen Anforderungen weitgehend erfüllt. Somit steht eine leistungsfähige auch dem Anwender offenstehende Schnittstelle zur anwenderorientierten Programmierung von FTS bereit. Als nächstes sind, geeignete Werkzeuge zur Programmierung mit dieser Sprache zu erarbeiten.

6 Entwurf eines anwenderorientierten Programmiersystems für fahrerlose Transportsysteme

Das in Rahmen dieses Kapitels zu entwerfende anwenderorientierte Programmiersystem für fahrerlose Transportsysteme besteht aus einer On-line- und einer Off-line-Komponente zur expliziten Erstellung von Fahrprogrammen sowie einer aufgabenorientierten Komponente für die implizite Programmierung.

6.1 Steuerungsintegriertes On-line-Programmiersystem

Im folgenden muß der Entwurf eines steuerungsintegrierten On-line-Programmiersystems erarbeitet werden, das die gestellten Anforderungen erfüllt und die zuvor konzipierte Programmiersprache unterstützt. Elngabe, Test und Korrektur von Fahrprogrammen bilden dabei die unmittelbare Schnittstelle zum Benutzer. Sie müssen daher, soweit es die Steuerungsplattform und der Realisierungsaufwand erlauben, so komfortabel wie möglich gestaltet sein.

Für den Automatikbetrieb ist ein geeignetes Verfahren zur Ausführung von Fahrprogrammen, unter den Randbedingungen der anwenderorientierten Programmierung von FTS zu bestimmen. Außerdem sind die entstehenden Probleme bei der Verwendung von Navigationsverfahren, die auf der diskreten Referenzierung beruhen, zu lösen. Aus diesen Betrachtungen kann dann die Systemstruktur des On-line-Programmiersystems und seine Integration in eine FTF-Steuerung abgeleitet werden.

6.1.1 Eingabe und Korrektur von Fahrprogrammen

Die Eingabe und Korrektur von Fahrprogrammen muß zwei Aspekte abdecken:

- den eigentlichen Programmtext sowie
- ergänzende geometrische Informationen in Form von Teach-in-Punkten und Play-back-Bahnsegmenten.

Beim Schreiben, Lesen und Modifizieren des Programmtextes muß der Benutzer auf geeignete Art und Weise unterstützt werden. Dabei ist zu beachten, daß es einem ungeübten Benutzer wesentlich leichter fällt, Hochsprachenprogramme zu lesen als sie selbst zu schreiben oder zu verändern. Eine Lesehilfe in Form einer grafischen Darstellung der syntaktischen Struktur eines Fahrprogrammes besitzt daher eine untergeordnete Bedeutung. Wesentlich wichtiger ist die Bereitstellung einer Eingabehilfe, d.h. der Benutzer wird bei der Eingabe von Hochsprachenelementen unterstützt (z.B. Menüauswahl "Verzweigung" erzeugt automatisch den zugehörigen Programmtext). Sie muß mit einem befehlsbezogenen Auskunftssystem (Hilfesystem) verbunden sein. Wichtige Randbedingungen für eine derartige Gestaltung des Umganges mit dem Programmtext sind die technischen und wirtschaftlichen Einschränkungen, die einer aufwendigen grafischen Bedienoberfläche eines steuerungsintegrierten Programmiersystems entgegenstehen.

Teach-in und Play-back sind sowohl für das FTF alleine als auch für eine gekoppelte Bewegungseinheit aus FTF und Lasthandhabungseinrichtung möglich. Der komplizierteste Fall ergibt sich bei einem Industrieroboter (IR) mit sechs Freiheitsgraden als Lasthandhabungseinrichtung.

Wichtig sowohl für Teach-in als auch Play-back ist die Wahl eines der jeweiligen Anwendung angepaßten Handbediengerätes zur Eingabe der geometrischen Informationen. Eine Zuordnung möglicher Handbediengeräte zu den verschiedenen Einsatzfällen zeigt Tabelle 6.1. Beim Teach-in ist ein Tastenfeld zur Definition der Teach-Punkte ausreichend. Das Steuern des Fahrzeugs zwischen den Teach-Punkten, insbesondere in Kurven, ist jedoch mit einem Steuerknüppel, der drei Freiheitsgrade besitzt, wesentlich einfacher.

6.1.2   Test von Fahrprogrammen

Neu erstellte oder modifizierte Fahrprogramme sollten vor ihrem Einsatz im laufenden Betrieb getestet werden. Dies trifft wegen meist fehlerhafter Geometrieinformationen im Off-line-System in besonderem Maße für off line erstellte Fahrprogramme zu. Die Aufgaben beim Programmtest lassen sich in zwei Bereiche klassifizieren:

- Kontrolle des logischen Programmablaufs. Dies ist insbesondere für komplexe Aufgaben wie der Lasthandhabung und -verwaltung sowie den Benutzerdialog erforderlich.
- Überprüfung der Geometrie des Fahrkurslayouts mit den Teilkomponenten Fahrkurs, Fahrkursstützpunkte (numerische oder Teach-in), Play-back-Bahnsegmente, topologische Punkte, Blockstrecken- und Referenzierungsanweisungen.

Verfahren	Einsatzgebiet	Geeignetes Handbediengerät	
Teach-in	FTF oder FTF und IR gekoppelt		Tastenfeld oder Steuerknüppel mit drei Freiheitsgraden
Play-back	FTF		Steuerknüppel mit drei Freiheitsgraden
	FTF und IR gekoppelt		Steuerkugel mit 6 Freiheitsgraden

Tabelle 6.1: Zuordnung geeigneter Handbediengeräte für die Einsatzgebiete von Teach-in und Play-back

Die Grundvoraussetzung für den ersten Bereich ist das Vorhandensein einer Testkomponente mit den bei Hochsprachen-Testsystemen (Debuggern) üblichen Funktionalitäten, wie Unterbrechungspunkte, Variablenanzeige und Einzelschrittbetrieb. Sie erfordert eine enge Verzahnung mit der Steuerungskomponente zur Programmausführung.

Neben der Möglichkeit zur schrittweisen Abarbeitung der Fahrprogramme ist für den zweiten Bereich die Bereitstellung einer Übersichtsdarstellung des programmierten Fahrkurses einschließlich der genannten Fahrkurselemente ein sehr nützliches Hilfsmittel. Eine Lösung ist der Ausdruck von Übersichtskarten durch das Off-line-Programmiersystem. Noch komfortabler ist es, wenn diese Informationen dem Programmierer als grafische Darstellung on line zur Verfügung stehen. Hierfür wird im folgenden die Bezeichnung *On-line-Visualisierung* eingeführt. Am Bildschirm eines leistungsfähigen Programmiergeräts erscheint dabei ein Ausschnitt des Fahrkurses. Der sichtbare Fahrkursbereich verschiebt sich automatisch mit der Bewegung des Fahrzeuges oder aufgrund von Anweisungen des Programmierers und kann in seiner Größe eingestellt werden (Bild 6.1). Die Zuordnung von Namensbezeichnungen zu den einzelnen Fahrkurselementen wird durch eine entsprechende Farbwahl noch deutlicher. Dabei können an einer Stelle auch mehrere Symbole nebeneinander auftreten, wie es im Bild 6.1 bei Teach-in-Punkten und topologischen Punkten der Fall ist.

Da eine solche Funktionalität - die grafische Darstellung der Fahrzeugbewegung, des Fahrkurses, der Umgebungsgeometrie und der Elemente des Fahrkurses - zum großen

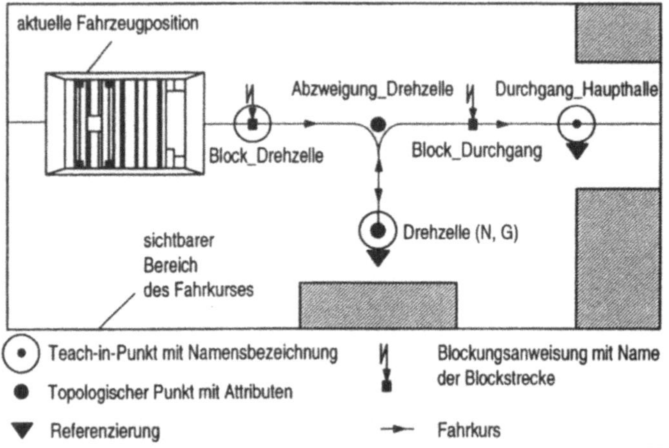

Bild 6.1: Beispiel für eine Übersichtsdarstellung in Form einer On-line-Visualisierung zur Unterstützung von Teach-in, Play-back und Programmtest

Teil bereits zum Umfang des Off-line-Programmiersystems gehört, ist es sinnvoll, diese auch für die On-line-Programmierung zu nutzen. Daraus leiten sich zwei Anforderungen an das Off-line-Programmiersystem ab:

- Portierbarkeit auf einen transportablen Rechner,
- Schnittstelle zur On-line-Visualisierung der Fahrzeugbewegung bei gleichzeitiger Darstellung wesentlicher Elemente des getesteten Fahrprogrammes und automatische Anpassung des sichtbaren Bildausschnittes.

6.1.3 Wahl einer Methode zur Ausführung von Fahrprogrammen

Legt man die im Kapitel 5 definierte anwenderorientierte Hochsprache zu Grunde, ergeben sich für die Ausführung von Fahrprogrammen auf einer Fahrzeugsteuerung die folgenden Lösungsmöglichkeiten:

- **Direkte Übersetzung**
  Der in der anwendungsspezifischen Hochsprache vorliegende Programmtext (Quellprogramm) wird direkt in das Maschinencodeformat der jeweiligen Steuerung übersetzt. Die übersetzten Programme sind unmittelbar auf der FTF-Steuerung ausführbar.

- Übersetzung in C

Programme in der anwendungspezifischen Hochsprache werden zunächst von einem
speziellen Übersetzer, man spricht in diesem Fall auch von einem Umsetzer, in die
Hochsprache C übersetzt. Anschließend werden die so entstandenen C-Programme
von einem für die Steuerungsplattform verfügbaren C-Übersetzer in das Maschinencodeformat der jeweiligen Hardware-Plattform übersetzt. Die in Maschinencode vorliegenden Fahrprogramme können dann unmittelbar auf der FTF-Steuerung ausgeführt werden.

- Interpretation von Hochsprache

Ein in der anwendungsspezifischen Hochsprache vorliegendes Fahrprogramm wird
direkt Anweisung für Anweisung von einem Hochsprachen-Interpreter on line übersetzt und ausgeführt (interpretiert).

- Interpretation von Zwischencode

Der Programmtext wird mit Hilfe eines Übersetzers in ein neutrales Zwischencodeformat überführt. Dieser Zwischencode wird dann von einem Interpreter schrittweise
abgearbeitet und in Aktionen der FTF-Steuerung umgesetzt. Beim Zwischencode-
Interpreter handelt es sich um einen virtuellen Prozessor, d.h. die Arbeitsweise eines
realen Prozessors ist durch ein Programm nachgebildet, mit dem neutralen Zwischencode als Maschinencode. Das Sprachniveau des Zwischencodes entspricht dem von
Assembler.

Um aus diesen Möglichkeiten ein geeignetes Verfahren auszuwählen, sind zunächst die
Bewertungskriterien festzulegen. Als Grundlage für die Bewertung kommen einige der
in Kapitel 3.2 genannten generellen Anforderungen zur Anwendung (siehe Tabelle 6.2).
Darüber hinaus ergeben sich weitere zusätzliche auf die Programmausführung zuge-
schnittene Kriterien. Einige dieser Kriterien werden von allen Lösungsvarianten in glei-
chem Maße erfüllt, z.B. die Möglichkeit zur Integration von Variablenwerten, die mit
Hilfe von Teach-in oder Play-back belegt werden. Sie sind daher in der folgenden Auflistung der zusätzlichen Anforderungen nicht berücksichtigt:

- Laufzeiteffizienz

Unter Laufzeiteffizienz wird hier die Geschwindigkeit der Programmausführung verstanden. Dabei spielen kurze Satzwechselzeiten bei der anwenderorientierten Programmierung von FTS eine geringe Rolle. Wichtiger ist der schnelle Programmstart,

um rasch hintereinander verschiedene Fahrprogramme ausführen zu können. Dies ist insbesondere für die aufgabenorientierte Programmierung von großer Bedeutung.

- **Austauschbarkeit**
  Einmal erstellte Fahrprogramme sollten auf allen FTF-Steuerungen unabhängig von der jeweiligen Hardware-Plattform, ohne den Umweg einer erneuten Übersetzung, ausführbar sein.

- **Testsystemintegration**
  Um einen einfachen und realitätsnahen Test der Fahrprogramme zu gewährleisten, sollten sie ohne erneute Übersetzung im Test- als auch im Automatikmodus ausgeführt werden können. Außerdem darf die Entwicklung und Integration eines Testsystems keinen unverhältnismäßig hohen Aufwand verursachen.

Eine Bewertung der vorgestellten Alternativen zur Ausführung von Fahrprogrammen hinsichtlich dieser Anforderungen zeigt Tabelle 6.2. Der Hauptvorteil der Verfahren "direkte Übersetzung" und "Übersetzung in C" ist eine sehr schnelle Programmabarbeitung mit kurzen Satzwechselzeiten. Dies steht bei der anwenderorientierten Programmierung von FTS jedoch nicht im Vordergrund. Daher überwiegt das schlechte Abschneiden dieser beiden Verfahren bezüglich der anderen Anforderungen. Wesentlich positiver zu bewerten sind die Interpretation eines Zwischencodes oder der Hochsprache selbst. Ein wichtiger Grund für die Einführung eines Zwischencodes und eines virtuellen Prozessors liegt in der einfachen Portierbarkeit. Zur Portierung auf eine neue Hardware-Plattform muß ein in C geschriebener Zwischencode-Interpreter nur neu übersetzt werden. Am Zwischencode und seiner Erzeugung durch den Übersetzer muß dagegen nichts geändert werden. Der schwerwiegendste Nachteil der Hochspracheninterpretation ist die mangelnde Laufzeiteffizienz. Insbesondere die Zeitverzögerung, die beim Start eines Fahrprogramms entsteht, u.a. für das Interpretieren der Variablendeklarationen und das Einrichten des Variablenspeichers, ist für die nahtlose Abarbeitung einer Liste von Fahrprogrammen nicht tolerierbar, da dies zu ungewollten Verzögerungen der Fahrzeugbewegung führen kann. Der Hauptvorteil der Hochspracheninterpretation, die Möglichkeit zur On-line-Modifikation von Fahrprogrammen, ohne den Umweg einer erneuten Übersetzung, stellt keine Anforderung der anwenderorientierten Programmierung von FTS dar. Dort liegt das Hauptaugenmerk bei einer notwendigen Modifikation des Programms auf der Wiederherstellung der Ausgangsbedingungen (Lage des Fahrzeuges im Fahrkurs). Damit ergibt sich die Interpretation eines neutralen Zwischencodes als die beste Variante zur Ausführung von Fahrprogrammen.

Anforderung \ Lösungsansatz	Direkte Übersetzung	Übersetzung in C	Hochsprachen-interpretation	Zwischencode-interpretation
Generelle Anforderungen — Off-line-Programmierbarkeit	○	●	●	●
Portierbarkeit	○	◔	●	●
Integrierbarkeit	◔	◔	●	●
Kosteneffizienz	○	◕	◕	◕
Zusätzliche Anforderungen — Laufzeiteffizienz	●	●	○	◕
Austauschbarkeit	○	○	●	●
Testsystemintegration	◔	◔	●	●

● Anforderung sehr gut erfüllt ◕ Anforderung ausreichend erfüllt
◔ Anforderung teilweise erfüllt ○ Anforderung nicht erfüllt

Tabelle 6.2: Bewertung der Lösungsvarianten zur Ausführung von Fahrprogrammen

6.1.4 Verknüpfung von Fahrprogrammen bei Navigationsverfahren mit diskreter Referenzierung

Wie im Kapitel 2.2 gezeigt, stellen Navigationsverfahren, die auf dem Prinzip der diskreten Referenzierung beruhen, einen vielversprechenden Ansatz für spurungebundene FTF dar. Bei ihnen ergibt sich jedoch die Schwierigkeit, daß die Fahrkursstützpunkte in miteinander zu verknüpfenden elementaren Teilprogrammen häufig bezüglich verschiedener Referenzkoordinatensysteme definiert sind. Bild 6.2 zeigt ein Beispiel für diese Problematik. Aus den dargestellten übergeordneten Fahrprogrammen F_1 und F_2 lassen sich u.a. die elementaren Teilprogramme T_1 und T_2 ableiten. Werden diese beiden elementaren Teilprogramme verknüpft, d.h. hintereinander ausgeführt, ist ein Fahrzeug beim Übergang von T_1 nach T_2 bezüglich des Referenzkoordinatensystem R_1 referenziert, während sich der nächste anzufahrende Fahrkursstützpunkt P_1 auf das Referenzkoordinatensystem R_2 bezieht. Dies ergibt eine fehlerhafte Ansteuerung von P_1 durch das ausführende Fahrzeug.

Dieses Problem läßt sich am einfachsten lösen, indem jeder Einmündung (siehe Definition in Kapitel 4.1) ein Referenzkoordinatensystem zugeordnet wird (Bild 6.3). Voraussetzungen hierfür sind:

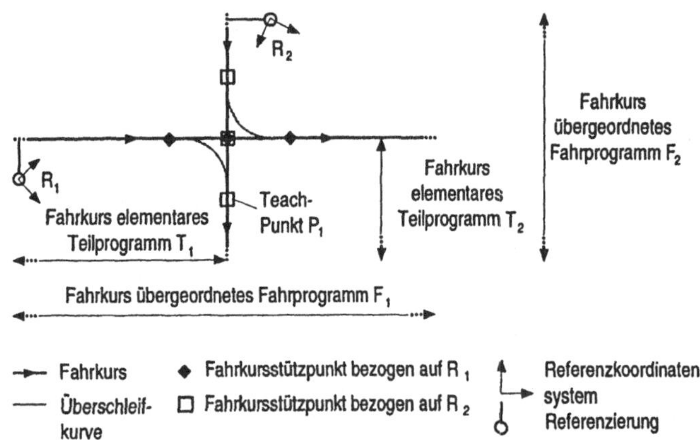

Bild 6.2: Problematik der Verknüpfung von elementaren Teilprogrammen bei Navigationsverfahren mit diskreter Referenzierung

- Die Referenzmarke einer Einmündung muß auf allen Fahrkursabschnitten, die zu ihr führen, noch vor dem Beginn einer möglichen Überschleifbewegung lesbar sein. Dies ist erforderlich, weil die Lage des Einmündungspunktes und des ersten anzufahrenden Punktes im neuen elementaren Teilprogramm der Bewegungsplanung, bezogen auf ein gemeinsames Referenzkoordinatensystem, noch vor dem Beginn der Überschleifbewegung bekannt sein müssen. Daher muß der Überschleifbewegung stets eine Referenzierung vorangehen. Nur so kann eine nahtlose Verknüpfung von elementaren Teilprogrammen mit Überschleifbewegung und ohne unnötige Fahrzeugverzögerung erreicht werden.

- Die Kosten der einzelnen Referenzmarken müssen es erlauben, sämtliche Einmündungen damit auszustatten.

Hinsichtlich der Lesbarkeit ist eine Befestigung der Referenzmarke an der Hallendecke optimal, bei einer Anbringung seitlich zum Fahrkurs kann es Probleme mit der Lesbarkeit aus allen Fahrtrichtungen geben. Schwierigkeiten bereitet die Anbringung von Referenzmarken am Boden. Sie ist für die vorgeschlagene einfache Lösung mit einer Referenzmarke je Einmündung ungeeignet. Die einzige mögliche Anbringung einer zentralen Referenzmarke ist der Einmündungspunkt selbst. In diesem Fall kann eine Referenzierung aber erst erfolgen, wenn eine Überschleifbewegung längst eingeleitet sein müßte. Ein Ausweg ist es, die Einmündung im übergeordneten Fahrprogramm erst nach durch-

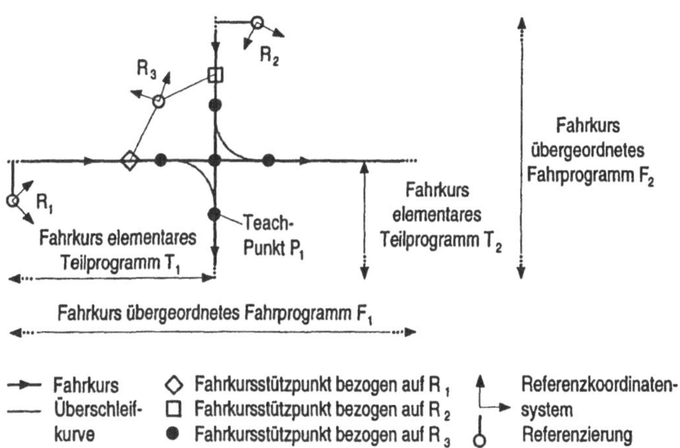

<u>Bild 6.3</u>: Zuordnung einer Referenzmarke für jede Einmündung

geführter Referenzierung im Einmündungspunkt zu definieren. Ein u.U. notwendiges Abbiegen geschieht dann nach dem Passieren des Einmündungspunktes. Dies hat jedoch zur Folge, daß die Fahrwege unnötig verlängert werden und der Platzbedarf im Einmündungsbereich steigt.

Für den Fall, daß die Lesbarkeit einer zentralen Referenzmarke je Einmündung nicht bei allen möglichen Fahrtrichtungen gewährleistet (z.B. bei einer Bodeninstallation) bzw. ein Abbiegen nach dem Einmündungspunkt nicht akzeptabel ist, kann eine etwas komplizierte Lösung gefunden werden. Dabei werden Referenzmarken an jeder auf die Einmündung gerichteten Fahrkursgraphenkante möglichst dicht vor der Einmündung, jedoch noch außerhalb eines möglichen Überschleifbereichs, angebracht. Die Transformationen, die es ermöglichen, die Fahrkursstützpunkte der einzelnen Referenzkoordinatensysteme ineinander umzurechnen, werden beim Einrichten der übergeordneten Fahrprogramme explizit mit Hilfe eines Teach-in-Vorganges ermittelt. Das Fahrzeug wird dabei zunächst bezüglich einer Referenzmarke referenziert, anschließend direkt vom Bediener zu den anderen vor der Einmündung angebrachten Referenzmarken gesteuert und erneut referenziert. Bei der Verknüpfung von elementaren Teilprogrammen können mit Hilfe der so ermittelten Transformationen die Koordinatenwerte eines neu zu beginnenden elementaren Teilprogramms bis zur nächsten Referenzierung in das Referenzkoordinatensystem des vorhergehenden elementaren Teilprogramms umgerechnet werden.

Abschließend sei noch betont, daß es sich bei den geschilderten Problemen und Anforderungen an Navigationsverfahren auf der Basis der diskreten Referenzierung nicht um einen Nachteil oder eine Einschränkung des vorgestellten anwenderorientierten Programmierverfahrens handelt. Vielmehr ist die dargestellte Problematik eine prinzipiell der diskreten Referenzierung anhaftende Einschränkung, die nur dann nicht ins Gewicht fällt, wenn für jeden möglichen Fahrauftrag ein vollständiges Fahrprogramm erstellt wird, und man damit auf die Kombination von elementaren Teilprogrammen verzichtet. Dies ist jedoch, wie das Kapitel 4 gezeigt hat, nur bei sehr kleinen wenig vernetzten Anlagen realisierbar. In allen anderen Fällen zeigt das vorgestellte anwenderorientierte Programmierverfahren für FTS einen Weg auf, wie Verfahren auf der Basis der diskreten Referenzierung dennoch genutzt werden können.

6.1.5   Konzeption des On-line-Programmiersystems

Ausgehend von den in den vorausgegangen Kapiteln getroffenen Entscheidungen kann nun ein Entwurf des On-line-Programmiersystems abgeleitet werden. Die sich ergebende Gesamtstruktur ist im **Bild 6.4** hinsichtlich ihrer Komponenten und des Datenflusses dargestellt und wird im folgenden genauer erläutert.

Mit Hilfe der Programmeingabe wird der Programmtext eines übergeordneten Fahrprogramms erstellt und gegebenenfalls modifiziert. Bei sehr kleinen Anlagen können die übergeordneten Fahrprogramme direkt zur Auftragsbearbeitung eingesetzt werden. Im Regelfall dienen sie jedoch dem aufgabenorientierten Programmiersystem als Eingabe zur Erzeugung von elementaren Teilprogrammen. Alternativ zur Erstellung im On-line-Programmiersystem können die übergeordneten Fahrprogramme einschließlich evtl. vorhandener Datenlisten mit Teach-Punkten und Play-back-Bewegungsbahnen auch vom Off-line-Programmiersystem übernommen werden. Umgekehrt ist es auch möglich, Fahrprogramme vom On-line- an das Off-line-Programmiersystem für die Modifikation während des laufenden Betriebs einer Anlage zu übergeben.

Die Umwandlung der so bereitgestellten übergeordneten Fahr- bzw. elementaren Teilprogramme in ein Zwischencodeformat führt der Übersetzer (Compiler) durch. Dabei werden Testinformationen für den Zwischencode-Interpreter und, falls nicht schon vorhanden, Datenlisten erzeugt. Die jedem Programm, ob elementar oder übergeordnet, zugeordnete Datenliste ist der Ausgangspunkt für Teach-in und Play-back. Sie enthält

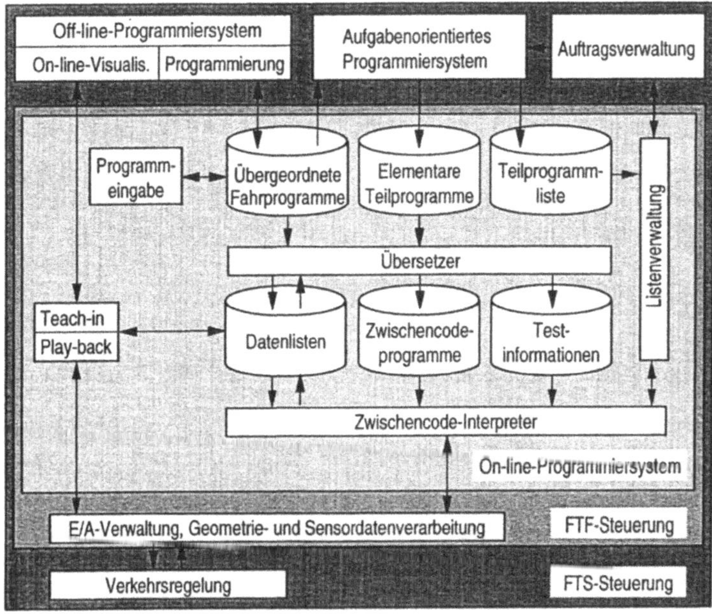

<u>Bild 6.4</u>: Komponenten und Datenfluß des steuerungsintegrierten On-line-Program-
miersystems

Platzhalter bzw. die schon eingegebenen Werte für alle im Programmtext deklarierten
Teach-Variablen.

Beim Test und der Korrektur off line erstellter Fahrprogramme kann zur Unterstützung
des Programmierers eine On-line-Visualisierung durch das Off-line-Programmiersystem
bereitgestellt werden. Das Off-line-Programmiersystem liefert dem Programmierer in
diesem Fall on line eine grafische Darstellung des Fahrkurses, passend zum aktuell bearbeiteten Teil der Fahrprogramme.

Soll ein Transportauftrag durch ein FTF ausgeführt werden, wählt die Auftragsverwaltung der FTS-Steuerung zunächst ein verfügbares Fahrzeug aus. Anschließend wendet
sich diese Komponente an das aufgabenorientierte Programmiersystem zur Erstellung
einer Teilprogrammliste und gegebenenfalls einiger automatisch zu erzeugender elemen-
tarer Teilprogramme beispielsweise zur Lasthandhabung. Die Teilprogrammliste, u.U.

ergänzt um einzelne elementare Teilprogramme, wird dann an das On-line-Programmiersystem übergeben und die Listenverwaltung mit ihrer Abarbeitung beauftragt. Die Listenverwaltung wird durch die Auftragsverwaltung überwacht und meldet die erfolgreiche Ausführung eines elementaren Teilprogrammes oder einer Teilprogrammliste sowie aufgetretene Störungen. Die Abarbeitung einer Teilprogrammliste kann im Bedarfsfall durch die Auftragsverwaltung abgebrochen und mit einer anderen Liste erneut gestartet werden.

Die Ausführung der einzelnen elementaren Teilprogramme erfolgt durch den Zwischencode-Interpreter. Er übergibt Fahr-, E/A-, Kommunikations-, Sensor- und Blockstreckenbefehle zur Bearbeitung an die übrige Steuerungs-Software. Diese leitet die Blockstreckenanforderungen und -freigaben an die Verkehrsregelungskomponente der übergeordneten FTS-Steuerung weiter. Der "Umweg" für die Blockstreckenbefehle über die Geometriedatenverarbeitung ist erforderlich, um eine kontinuierliche Bewegung des FTF bei freier Blockstrecke zu ermöglichen, was nur auf der Prioritätsebene und mit den Informationen der Geometriedatenverarbeitung gewährleistet werden kann. Alternativ zur automatischen Abarbeitung kann mit Hilfe der in den Zwischencode-Interpreter integrierten Testfunktionalität ein übergeordnetes Fahrprogramm auch schrittweise ausgeführt und überprüft werden. Dabei werden zur Anzeige und Modifikation von Variablenwerten Testinformationen benützt, die vom Übersetzer erzeugt wurden und Angaben über Name und Datentyp für alle Variablen enthalten.

Die Bedienung des On-line-Programmiersystems erscheint im <u>Bild 6.4</u> nicht als eigenständige Komponente, vielmehr besitzt jede im Bild aufgeführte Teilkomponente ihre eigene Bedienschnittstelle. Eine Koordination der Komponenten kann innerhalb der Bedienoberfläche der FTF-Steuerung beispielsweise mit einem einfachen Kommando-Interpreter erreicht werden.

6.1.6   Integration in die Steuerung eines fahrerlosen Transportfahrzeugs

Um eine einfache Integration des On-line-Programmiersystems zu ermöglichen, muß die FTF-Steuerung die folgenden Anforderungen erfüllen:

- Schnittstellen zur E/A-Verwaltung, Geometrie- und Sensordatenverarbeitung.
- Erweiterbarkeit der Bedienoberfläche, um die Bedienschnittstelle des On-line-Programmiersystems integrieren zu können. Dabei stellen sich nur geringe Anforde-

rungen hinsichtlich der benötigten Funktionalität, da ein einfacher alphanumerischer Dialog über ein Terminal oder Display ausreichend ist.

- Existenz eines Dateispeichers für die Ablage von Teilprogrammlisten, Testinformationen, Datenlisten, Quell- und Zwischencodeprogrammen.
- Schnittstelle zur Übertragung der aktuellen Fahrzeugposition für die On-line-Visualisierung mit dem Off-line-Programmiersystem.
- Schnittstelle, um ein Handbediengerät (Teach-in, Play-back) anzuschließen.
- Steuerungsentwicklungsumgebung, basierend auf einer Hochsprache.

Es zeigt sich, daß die gestellten Anforderungen eine Integration des On-line-Programmiersystems in eine FTF-Steuerung zumindest durch den FTF-Steuerungshersteller ermöglichen. Damit kann die im Kapitel 3.2 formulierte Forderung der Integrierbarkeit in vorhandene Steuerungen erfüllt werden. Neben der Berücksichtigung der Anforderungen an die verwendete FTF-Steuerung ist es umgekehrt wichtig, das On-line-Programmiersystem so zu gestalten, daß eine Integration in verschiedene Steuerungsplattformen auf einfache Weise möglich ist. In diesem Punkt verspricht die Nutzung der Ergebnisse des OSACA-Projektes /35/ für die Zukunft den größten Erfolg. Durch den dort verwendeten objektorientierten Ansatz zur Beschreibung der Schnittstellen sowie die standardisierten Kommunikationsmechanismen und -inhalte, ist eine Portierung auf verschiedene Steuerungsplattformen ohne großen Aufwand machbar. Aber auch in der jetzigen Situation, in der noch keine OSACA-konformen Steuerungen verfügbar sind, bringt eine Schnittstellenspezifikation und Software-Strukturierung gemäß OSACA Vorteile:

- Eine Integration in zukünftige OSACA-konforme Steuerungen wird vereinfacht.
- Die sich ergebende klar strukturierte objektorientierte Schnittstellenbeschreibung erleichtert auch die Integration des On-line-Programmiersystems in eine nicht OSACA-konforme Steuerung.

Aus diesen Gründen wird als Basis zur Integration des On-line-Programmiersystems in eine FTF-Steuerung die OSACA-Referenzarchitektur /63/ verwendet. Die Komponenten der Steuerungs-Software werden gemäß der OSACA-Notation als Architekturobjekte (Architecture-Objects) oder kurz Objekte (Objects) bezeichnet. Die Zuordnung der im Kapitel 6.1.5 definierten Komponenten bzw. Objekte des On-line-Programmiersystems zu den Bereichen (Subjects) und, falls vorhanden, korrespondierenden Objekten der OSACA-Referenzarchitektur zeigt Tabelle 6.3.

Architekturobjekte des On-line-Programmiersystems	Bereich Man-Machine-Control	Bereich Motion-Control
Programmeingabe	Text-Editor-Object	
Teach-in	X	
Play-back	X	
Übersetzer	X	
Listenverwaltung	X	
Zwischencode-Interpreter		Interpreter-Object

<u>Tabelle 6.3</u>: Zuordnung der Architekturobjekte des On-line-Programmiersystems zu Bereichen der OSACA-Referenzarchitektur und korrespondierenden Objekten (X - applikationsspezifische Erweiterung der Referenzarchitektur)

Die Schnittstelle eines Objektes unterteilt sich im wesentlichen in die von außen zugreifbaren Attribute (Attributes) und Dienste (Services). Der Zugriff auf die Attribute erfolgt dabei mit Hilfe von standardisierten Variablendiensten. Ein weiteres Element zur Beschreibung der Schnittstelle eines Objektes zur Außenwelt sind Zustandsdiagramme (State-Transition-Diagrams), die für den Zugriff von außen wichtige Veränderungen der internen Zustände dokumentieren.

Da eine vollständige Schnittstellenbeschreibung aller Objekte des On-line-Programmiersystems an dieser Stelle zu umfangreich ist, soll eine OSACA-konforme Definition nur exemplarisch an den Objekten Programmeingabe und Übersetzer demonstriert werden. Auf die Verwendung von Zustandsdiagrammen kann dabei verzichtet werden, da der Zustandswechsel dieser Module auch ohne ihre Hilfe verständlich ist.

Die Dienste und Attribute des Programmeingabeobjekts entsprechen weitgehend denen des Text-Editor-Objects der OSACA-Referenzarchitektur. Bei einer FTF-Steuerung werden in der Regel jedoch die dort spezifizierten Dienste und Attribute zur Verwendung des Objektes im Rahmen einer window-orientierten Bedienoberfläche nicht benötigt. Über die Dienste und Attribute des Text-Editor-Objects gemäß der OSACA-Referenzarchitektur hinaus gibt es für die Eingabehilfe zusätzlich

- das Attribut "Syntaxelement" (lesender und schreibender Zugriff) zur Auswahl eines Sprachelementes
- und den Dienst "Füge_Syntaxelement_ein" zur Einfügung eines durch das Attribut "Syntaxelement" spezifizierten Syntaxelementes der anwenderorientierten Programmiersprache für FTS.

Eine neue Applikation im Sinne der OSACA-Referenzarchitektur ist das Objekt des Übersetzers, das zu einer erhöhten Laufzeiteffizienz als die direkte Interpretation der Hochsprache führt. Seine Attribute und Dienste zeigen die Tabellen 6.4 und 6.5.

Name	Beschreibung	Zugriff
Status	Aktiv oder inaktiv.	L
Übersetzung_beendet	Gibt an, ob die Übersetzung eines Fahrprogramms beendet ist.	L
Programmname	Name des zu übersetzenden Fahrprogramms.	L / S
Fehler	Signalisiert, ob bei der Übersetzung Fehler auftraten.	L
Fehlerliste	Liste der aufgetretenen Fehler.	L

Tabelle 6.4: Attribute des Übersetzers (L - Attributzugriff lesend und S - Attributzugriff schreibend erlaubt)

Name	Beschreibung
Ändere_Status	Aktiviert oder deaktiviert das Objekt.
Start	Startet das Übersetzen eines Fahrprogrammes.
Stop	Bricht den Übersetzungsvorgang ab.

Tabelle 6.5: Dienste des Übersetzers

6.2   Off-line-Programmiersystem

Wie im Kapitel 3.4.2 untersucht, erfüllt kein verfügbares Off-line-Programmiersystem die technischen und wirtschaftlichen Anforderungen für den Einsatz zur anwenderorientierten Programmierung von FTS. Gegenstand dieses Kapitels ist daher die Konzeption eines solchen Systems. Als Ausgangsbasis hierfür müssen an dieser Stelle zunächst dessen Hauptkomponenten spezifiziert und zu einer Gesamtstruktur verbunden werden.

Die zentralen Aufgaben des Off-line-Programmiersystems sind die Erstellung, der Test und die Modifikation von Fahrprogrammen. Die hierfür verantwortliche Systemkomponente **Programmierung** (siehe <u>Bild 6.5</u>) sollte einerseits die Hilfsmittel der On-line-Programmierung aufgreifen und andererseits die grafischen Möglichkeiten der Off-line-Programmierung nutzen. Im Mittelpunkt steht dabei die Erstellung von übergeordneten Fahrprogrammen. Ausgehend von dieser Aufgabenstellung lassen sich weitere grundlegende Teilkomponenten festlegen, durch die eine Off-line-Programmierung erst ermöglicht wird.

Voraussetzung für die Programmierung ist die Verfügbarkeit eines Anlagenmodells. Zu seiner Erstellung wird die Teilkomponente **Modellierung** benötigt. Bestandteile des Anlagenmodells sind beispielsweise Fahrzeuge, Lasten, Lasthandhabungseinrichtungen und die Umgebungsgeometrie.

Grundlage des Tests der Fahrprogramme in der Systemkomponente Programmierung ist die simulative Nachbildung der Anlage. Dazu gehören die Darstellung der Anlagenkomponenten sowie insbesondere die Simulation der Bewegungen von Fahrzeugen, Lasten, Lasthandhabungseinrichtungen, Industrierobotern und peripheren Einrichtungen. Diese Aufgabe übernimmt die Teilkomponente **Simulation**. Die Basis hierfür liefert das von der Modellierung erstellte Anlagenmodell.

Der Dialog mit dem Benutzer des Off-line-Programmiersystems erfolgt über die Systemkomponente **Bedienung**. Sie ist allen anderen genannten Systemkomponenten überlagert und koordiniert ihr Zusammenwirken.

Damit stehen die, im folgenden zu untersuchenden, Komponenten des Off-line-Programmiersystems fest.

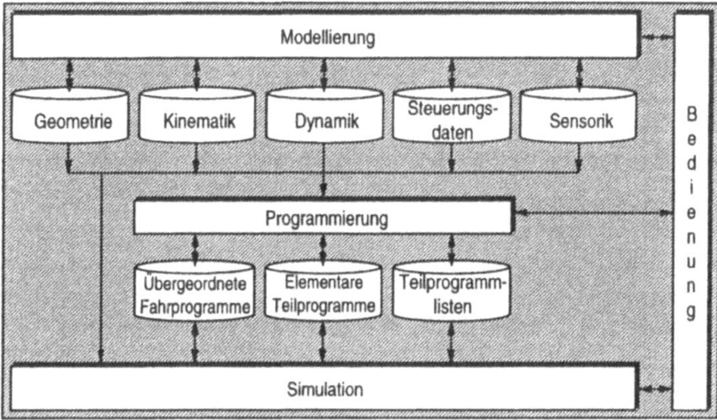

Bild 6.5: Gesamtstruktur des Off-line-Programmiersystems

6.2.1 Modellierung

Aufgabe der Modellierung ist die Bereitstellung des für Programmierung und Simulation benötigten Anlagenmodells. Die Komponenten des Anlagenmodells sowie die Zuordnung zu den sie beschreibenden Daten zeigt Tabelle 6.6. Die in der Tabelle angegebenen teilweise benötigten Dynamikdaten bei Lasten und Sensoren beziehen sich im wesentlichen auf u.U. notwendige Masseangaben. Angaben zur verwendeten Steuerung sind nur bei Elementen des Anlagenmodells, die bahngesteuerte Bewegungen ausführen können, sinnvoll. Bei allen Anlagenkomponenten außer Sensoren beziehen sich die Angaben zur Sensorik auf die Lage und Art der eingesetzten Sensoren. Nur bei der Beschreibung des Sensors selbst werden dessen Parameter spezifiziert.

Im folgenden wird die Modellierung der in Tabelle 6.6 aufgeführten Daten genauer betrachtet:

- **Geometrie**
  Einen eigenständigen Geometriemodellierer für die Off-line-Programmierung von FTS zu entwickeln, ist nicht sinnvoll. Vielmehr sollten die Geometriedaten der Anlagenkomponenten z.B. von einem CAD-System übernommen werden können. Damit

ist es möglich, vorhandene Geometriedaten zu nutzen und noch fehlende auf komfortable Art und Weise einzugeben.

- **Kinematik**

Untersucht man die verschiedenen kinematischen Strukturen eines FTF, wie sie in /28/ aufgeführt sind, so ergibt sich, daß die Kinematik eines FTF als verzweigte kinematische Kette beschrieben werden kann. Eine kinematische Kette ist eine abwechselnde Folge von Verbindungselementen und Gelenken. Ausgangspunkt dieser Beschreibung ist das Basiskoordinatensystem des jeweiligen Fahrzeuges. Die Endpunkte der Äste des kinematischen Baumes bilden die Berührungspunkte der Räder mit dem Boden. Dabei ist zwischen

- angetriebenen Rädern,
- die Bewegungsbahn beeinflussenden, nicht angetriebenen Rädern (z.B. die Hinterräder eines Dreiradfahrzeuges mit angetriebenem und gelenktem Vorderrad) und
- die Bewegungsbahn nicht beeinflussenden Stützrädern

zu unterscheiden, wobei nur die ersten beiden für ein korrektes Kinematikmodell erforderlich sind. Die angetriebenen Achsen sind gegenüber mitlaufenden Achsen zu kennzeichnen, da sie direkt durch den Benutzer mit einem Handbediengerät oder bei einem Simulationslauf durch die Bewegungsbefehle eines Fahrprogramms beeinflußt werden können. <u>Bild 6.6</u> zeigt als Beispiel das Versuchsfahrzeug FLEXL /28/ und die

Komponente \ Daten	Geometrie	Kinematik	Dynamik	Steuerungskennung	Sensorik
FTF	●	●	◐	◐	◐
Handhabungseinrichtung	●	●	◐	◐	◐
Industrieroboter	●	●	◐	◐	◐
Werkzeug (z.B. Greifer)	●	◐	◐	○	◐
Last	●	○	◐	○	◐
Sensor	●	◐	◐	○	●
Periphere Einrichtung	●	◐	○	○	◐
Umgebungsgeometrie	●	○	○	○	○

● Notwendig   ◐ Teilweise benötigt   ○ Nicht benötigt

Tabelle 6.6:   Komponenten des Anlagenmodells und sie beschreibende Daten

zugehörige kinematische Kette mit einer Verzweigung.

Die Kinematik einer Lasthandhabungseinrichtung ist separat von der Fahrzeugkinematik zu beschreiben.

- **Dynamik**

  Die Anzahl und Art der Dynamikparameter ist stark abhängig vom zugrundeliegenden Dynamikmodell. Komponenten eines Dynamikmodells sind beispielsweise
  - Starrkörpermodell,
  - Motormodell,
  - Getriebemodell,
  - Strom-, Drehzahl- und Lagereglermodell.

  Die Beschreibung der Dynamikparameter kann in Form einer Liste mit je nach Dynamikmodell unterschiedlicher Anzahl und Bedeutung der Listenelemente erfolgen.

- **Steuerungskennung**

  Da die Steuerungs-Software das Bahnverhalten eines FTF, einer Handhabungseinrichtung oder eines Industrieroboters bestimmt, muß sie in die Simulation einbezogen werden. Hierfür ist eine eindeutige Kennung zur Identifizierung der zugehörigen

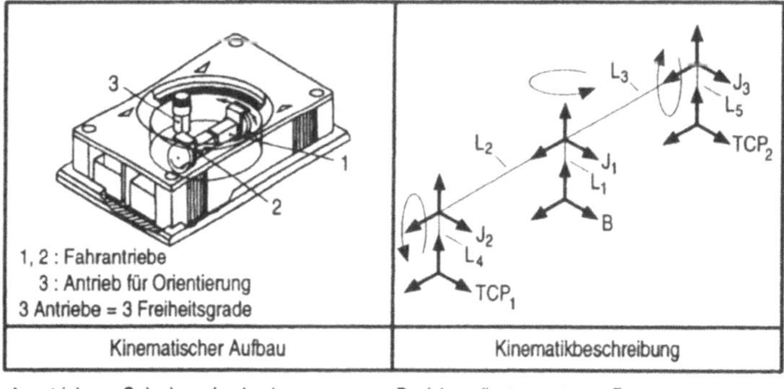

Bild 6.6: Beschreibung der Fahrzeugkinematik mit einer verzweigten kinematischen Kette am Beispiel des Versuchsfahrzeuges FLEXL

Steuerungskonfiguration anzugeben.

- **Sensorik**
  Ähnlich wie bei den Dynamikparametern ist die Variationsbreite entsprechend der
  großen Palette von möglichen Sensoren (Kameras, Laserscanner, Ultraschall, etc.) bei
  den Sensorparametern sehr groß. Die Sensorparameter lassen sich in Form einer Liste,
  deren Elementzahl und Bedeutung je nach Sensor variieren können, beschreiben.

Als zentrales, strukturierendes Element, um das sich alle anderen Eigenschaften gruppie-
ren lassen, kann das Kinematikmodell identifiziert werden. Entlang der kinematischen
Kette bzw. eines kinematischen Baumes können Informationen über Geometrie, Dynamik, verwendete Steuerung und angebrachte Sensoren spezifiziert werden.

Ausgehend von der Modellierung einzelner Komponenten wird das jeweilige Anlagenmodell durch eine Auflistung der darin enthaltenen Bestandteile definiert. Jedem
Bestandteil wird dabei eine Anfangsposition zugewiesen. Darüber hinaus können zwischen Einzelkomponenten eines Anlagenmodells Verbindungen aufgebaut werden. Auf
diese Weise läßt sich beispielsweise eine Lasthandhabungseinrichtung mit einem FTF zu
einem FTF mit aktiver Lasthandhabung verbinden (Bild 6.7).

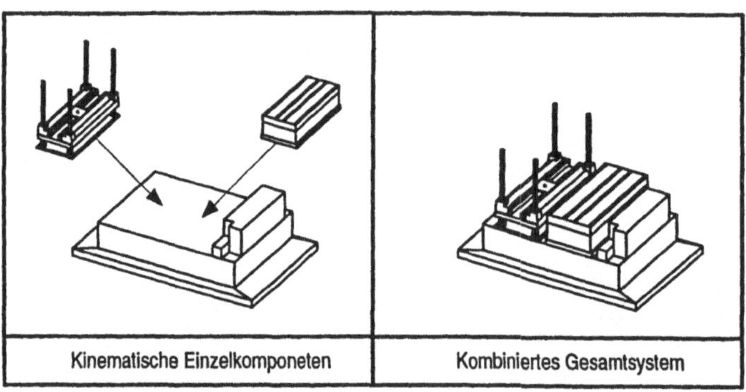

Bild 6.7: Beispiel für die Verbindung von Einzelkomponenten des Anlagenmodells

6.2.2 Programmierung

Aufgaben der Programmierung als zentraler Komponente des Off-line-Programmiersystems sind:
- Erstellung, Test und Modifikation von übergeordneten Fahrprogrammen,
- Test von Teilprogrammlisten des aufgabenorientierten Programmiersystems.

Dabei kommen im Prinzip die gleichen Software-Komponenten zum Einsatz wie bei der On-line-Programmierung:

- Völlig unverändert einsetzbar ist der **Übersetzer**, alle anderen Module sind gegebenenfalls zu modifizieren und können dadurch im Benutzerkomfort durch die erweiterten Möglichkeiten einer Off-line-Programmierumgebung verbessert werden.
- Die **Programmeingabe** kann unter Nutzung der Window-Technik gegenüber der Arbeitsweise im On-line-Programmiersystem komfortabler gestaltet werden. Eine rein grafische Programmierung, unter Vorgabe des Fahrkurses als geometrischer Struktur, bestehend aus Geraden und Überschleifbereichen, ist nicht sinnvoll, da ein Fahrprogramm aus mehr als in solche Elemente umsetzbaren Fahrbefehlen besteht. So läßt sich der teilweise recht komplexe Kontrollfluß einer aktiven Lasthandhabung und die dafür notwendigen Variablen sehr einfach mit den Mitteln der im Kapitel 5 definierten Hochsprache, nicht jedoch als Folge von geometrischen Fahrkurselementen, beschreiben. Eine solche Lösung erscheint nur für sehr einfache FTF ohne aktive Lasthandhabung sinnvoll und wird daher hier nicht weiter verfolgt.
- Das **Teach-in** kann alternativ zum Ansteuern eines Teach-Punktes mit dem simulierten Fahrzeug durch den Zugriff auf vorhandene CAD-Daten erfolgen.
- Beim **Play-back** ist dagegen ein Heranziehen von CAD-Daten weniger sinnvoll. Die Definition der Play-back-Bahnsegmente erfolgt daher analog zur On-line-Programmierung durch die Steuerung des simulierten Fahrzeuges entlang der zu programmierenden Bahn.
- Die einzige Änderung beim **Zwischencode-Interpreter** ist, daß Befehle an die übrige Steuerungs-Software (Fahrzeugbewegung, Prozeß-E/A, Kommunikation und Verkehrsregelung) nun an das Simulationssystem weitergeleitet werden.
- Ähnlich verhält es sich mit der **Listenverwaltung**. Sie kommuniziert statt mit der FTS-Steuerung direkt mit dem Benutzer des Off-line-Programmiersystems.
- Ein wichtiges Hilfsmittel auch der Off-line-Programmierung ist die im Kapitel 6.1.2 erläuterte grafische **Übersichtsdarstellung** der programmierten Fahrkurselemente. Sie kann in Zusammenarbeit mit den Visualisierungsmöglichkeiten der Systemkom-

ponente Simulation bei einer Ausführung eines Fahrprogrammes erzeugt werden und ist der Ausgangspunkt für die im Kapitel 6.1.2 beschriebene **On-line-Visualisierung**. Reicht eine Blockstreckensteuerung zur Verkehrsregelung nicht aus, können mit Hilfe der Übersichtsdarstellung außerdem die notwendigen Daten für eine Vorfahrtsregelung (siehe Kapitel 5.3) im Rahmen der Systemkomponente Programmierung spezifiziert werden. Dazu sind die betroffenen topologischen Punkte grafisch interaktiv zu identifizieren und anschließend die - je nach Verfahren zur Vorfahrtsregelung - erforderlichen Zusatzparameter einzugeben.

Damit ist zwischen On-line- und Off-line-Programmiersystem eine durchgängige Programmiermethodik und ein einfacher Programmaustausch gewährleistet, wobei die Programmierung im Off-line-System gegenüber der On-line-Programmierung wesentlich vereinfacht wird durch:

- einen in der Regel komfortableren und damit effizienteren Arbeitsplatz,
- die Überschaubarkeit des gesamten Anlagenlayouts und
- eine für Mensch und Gerät gefahrlose Programmerstellung und -erprobung.

Andererseits weist die Off-line-Programmierung gegenüber der On-line-Programmierung auch einige Nachteile auf:

- Die notwendigen Modelldaten des Anlagenlayouts, d.h. über die Umgebungsgeometrie und die Lage der anzufahrenden Stationen, sind häufig nicht vorhanden und erfordern einen nicht zu vernachlässigenden Aufwand für ihre Beschaffung. Besser ist die Situation bei den übrigen Anlagenkomponenten (Fahrzeuge, Lasten, usw.), von denen meist schon Geometriedaten vorliegen.
- Darüber hinaus sind die der Off-line-Programmierung zugrundeliegenden Modelldaten meist ungenau. Off line erstellte Programme müssen daher normalerweise mit Hilfe des On-line-Programmiersystems überprüft und korrigiert werden.

Daraus kann man die folgende Abgrenzung der Einsatzgebiete von On-line- und Off-line-Programmierung ableiten:

- Alleinige Verwendung des On-line-Systems für sehr kleine und übersichtliche Anlagen, bei denen die Ermittlung der notwendigen Modelldaten sich nicht lohnt.
- Bei kleinen bis hin zu sehr großen Anlagen ist der Aufwand für die Gewinnung der notwendigen Modelldaten durch die sich ergebenden Vorteile mehr als aufgewogen.

Die Planung und Erstellung neuer Fahrprogramme erfolgt im Off-line- und ihre Über-
prüfung und Korrektur im On-line-System.
- Die Modifikation von bestehenden Fahrprogrammen im laufenden Betrieb kann mit
Hilfe des Off-line-Systems erfolgen. Besonders vorteilhaft ist es, wenn dabei ein
Großteil der on line bereits überprüften Teach-Punkte und numerischen Bahnstütz-
punkte weiter verwendet werden kann. Der anschließende Test mit Hilfe des On-line-
Systems wird dann sehr vereinfacht.

6.2.3   Simulation

Die Simulation dient zur Nachbildung des zeitlichen Verhaltens der realen Anlage und
bietet damit die Grundlage für einen Off-line-Test von Fahrprogrammen. Außerdem
können die im Rahmen der Simulation visualisierten Geometriedaten für die Programmierung genutzt werden.

Zuerst müssen die wichtigsten Teilaspekte der Simulation untersucht werden, um
anschließend daraus die Konzeption des Simulationssystems ableiten zu können.

6.2.3.1   Visualisierung

Die Visualisierung ermöglicht die grafische Darstellung der Geometrie sämtlicher Anlagenkomponenten, der geometrischen Bestandteile von Fahrprogrammen und von Sen-
sorwirkungsbereichen. Ein wesentlicher Aspekt dabei ist die Simulation der Bewegung
aktiver sowie mitbewegter Anlagenkomponenten. Neben der Nutzung ihrer Dienste
durch das Off-line-Programmiersystem stellt sie auch die Basis bereit für die im Kapitel
6.1.2 beschriebene Möglichkeit zur On-line-Visualisierung der Fahrzeugbewegung.

Um die Anforderungen der Portierbarkeit und Kosteneffizienz erfüllen zu können, wird
die Visualisierung unterteilt in ein Basissystem, einen Anpassungsmodul und eine allgemeine Programmierschnittstelle (Bild 6.8). Damit ist es möglich, einen Großteil der
benötigten grafischen Funktionalität durch ein kommerziell verfügbares und beim
Anwender eventuell schon vorhandenes Basissystem abzudecken. Für das Basissystem
können verschieden leistungsfähige Software-Systeme und Grafikbibliotheken eingesetzt
werden. Je nach Leistungsfähigkeit des Basissystems variiert der Realisierungsaufwand
des Anpassungsmoduls. Die Nutzung der Dienste der Visualisierung bleibt aber durch
die unveränderte allgemeine Programmierschnittstelle stets gleich.

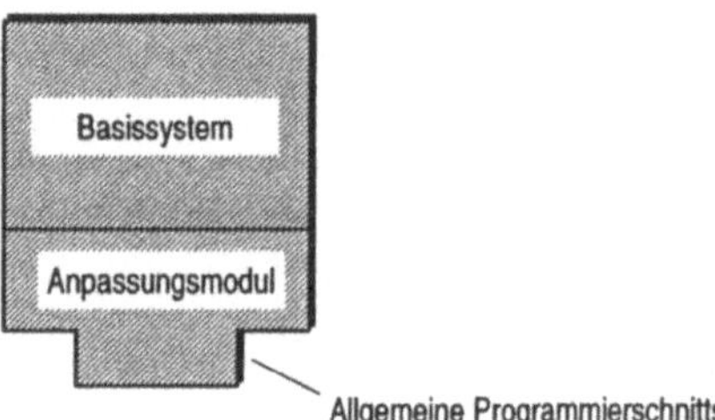

<u>Bild 6.8</u>: Nutzung verschiedener Basissysteme zur Visualisierung durch den Einsatz
eines Anpassungsmoduls und einer allgemeinen Programmierschnittstelle

Wichtige Befehlsgruppen der allgemeinen Programmierschnittstelle zur Visualisierung
sind:

- **Dateioperationen**

  Geometriedaten von Anlagenkomponenten können eingelesen und gespeichert werden.

- **Geometriemanipulation**

  Geometrische Elemente sind Punkte, Linien, Flächen und Körper. Für ihre Manipula-
  tion stehen Operationen zum Verschieben, Verdrehen, Erzeugen und Löschen bereit.

- **Blickpunktsteuerung**

  Die Blickrichtung und damit der dargestellte Bildbereich können über entsprechende
  Funktionen gesteuert werden.

- **Wahl der Darstellungsart**

  Je nach Leistungsfähigkeit des Basissystems können verschiedene Darstellungsarten
  von der Ausgabe aller Kanten über das Ausblenden verdeckter Kanten bis hin zur Flä-
  chendarstellung mit Beleuchtung und Schattenwurf gewählt werden.

- **Bildausgabe**

  Alle Geometrieelemente im sichtbaren Bildschirmbereich werden in ihrer aktuellen
  Lage und Orientierung dargestellt.

- **Interaktive Abfrageoperationen**
  Für die komfortable Gestaltung der Bedienung des Off-line-Programmiersystems stehen interaktive Zugriffsmechanismen auf die dargestellte Geometrie bereit. Ein Beispiel hierfür ist die Identifikation eines Teach-Punktes durch das Anklicken eines Geometrieelements.

An das verwendete Basissystem sind die folgenden Anforderungen zu stellen:

- Realisierbarkeit einer Abbildung des Funktionsumfangs der allgemeinen Programmierschnittstelle auf die Grafikbefehle des Basissystems in Form eines Anpassungsmoduls,
- offene Schnittstelle zur Nutzung dieser Grafikbefehle,
- Bildaufbau im Hintergrund, um einen Bewegungseindruck vermitteln zu können,
- ausreichend hohe Zeichengeschwindigkeit für die Darstellung einer Bewegung,

Beispiele für mögliche Basissysteme sind:

- Standardisierte netzwerktransparente Grafikbibliothek X-Window /64/,
- 3D-Grafikbibliothek GL (Graphical Library) /65/ der Firma Silicon Graphics,
- genormte 3D-Grafikbibliothek PHIGS (Programmer´s Hierarchical Interactive Graphics System) /66/,
- CAD-System mit einer Programmierschnittstelle zur Integration von Applikationen (z.B. CATIA /54/),
- kommerziell verfügbares Off-line-Programmiersystem, das über eine Programmierschnittstelle erweiterbar ist (z.B. ROBCAD /53/).

Eine Bewertung dieser Möglichkeiten anhand der Kriterien Realisierungs- und Portierungsaufwand für den Anpassungsmodul sowie dem Preis des Basissystems zeigt die Tabelle 6.7. Die Zeichengeschwindigkeit wurde nicht in die Bewertung aufgenommen, da sie sehr abhängig von der Realisierung des Anpassungsmoduls und des Basissystems ist. Ein direkter Vergleich der Zeichengeschwindigkeit kann nur zwischen den beiden 3D-Grafikbibliotheken PHIGS und GL sinnvoll durchgeführt werden.

Es zeigt sich, daß die Varianten X-Window und kommerzielles Off-line-Programmiersystem für die meisten Anwendungsfälle durch den sehr hohen Realisierungsaufwand bzw. Basissystempreis nicht geeignet sind. Besonders vielversprechend erscheinen dagegen Varianten auf der Grundlage von PHIGS, GL oder einem CAD-System. PHIGS ist

Kriterien / Basissysteme	Realisierungs-aufwand	Portierungs-aufwand	Preis
X-Window	○ (sehr hoch)	◕ (niedrig)	● (sehr niedrig)
GL	◑ (mäßig)	◑ (mäßig)	◑ (mäßig)
PHIGS	◕ (niedrig)	◕ (niedrig)	◑ (mäßig)
CAD-System	● (sehr niedrig)	◔ (hoch)	◔ (hoch)
Kommerzielles Off-line-Programmiersystem	● (sehr niedrig)	◔ (hoch)	○ (sehr hoch)

○ sehr hoch ◔ hoch ◑ mäßig ◕ niedrig ● sehr niedrig

Tabelle 6.7: Bewertung möglicher Basissysteme für die Visualisierung

auf nahezu allen Hardware- und Betriebssystemplattformen verfügbar und bietet damit die beste Portierbarkeit. GL schneidet insgesamt in der Bewertung schlechter ab als PHIGS, hat jedoch durch den geringeren, sehr hardwarenahen Funktionsumfang eine höhere Zeichengeschwindigkeit. Ein CAD-System ermöglicht andererseits, vorausgesetzt die genannten Anforderungen werden erfüllt, durch den hohen Funktionsumfang eine einfache Realisierung.

6.2.3.2 Integration von Steuerungs-Software

Durch die Einbindung von Teilen der Steuerungs-Software läßt sich die Modellgenauigkeit der Simulation deutlich erhöhen. Dies betrifft im wesentlichen den Bereich Motion-Control der OSACA-Referenzarchitektur. Dessen drei Komponenten Interpreter, Preparator und Executor bestimmen maßgeblich den Verlauf der Bewegungsbahn. Ein weiterer Vorteil der Nutzung von Steuerungs-Software für die Simulation ist eine Reduktion des Entwicklungsaufwandes für das Off-line-Programmiersystem durch die Wiederverwendung bereits vorhandener Software-Komponenten der Fahrzeugsteuerung. Wie Kapitel 6.2.2 zeigt, kann das On-line-Programmiersystem und damit auch der Zwischencode-Interpreter in das Off-line-Programmiersystem integriert werden. Im Rahmen dieses Kapitels wird die Einbindung des Preparators und Executors aus dem Bereich Motion-Control, die man unter der Bezeichnung Geometriedatenverarbeitung zusammenfassen kann, ins Off-line-Programmiersystem untersucht. Dabei lassen sich prinzipiell zwei Lösungsansätze unterscheiden:

1. Einbindung von Software-Modulen

Die Geometriedatenverarbeitung wird in Form von Software-Modulen in das Off-line-Programmiersystem integriert.

2. Einbindung der gesamten Steuerung

Anstatt die Geometriedatenverarbeitung direkt als Software-Module in die Simulation einzubinden, wird bei dieser Lösung die Steuerung selbst on line mit dem Off-line-System gekoppelt. Dabei verbleibt die Geometriedatenverarbeitung auf der Fahrzeugsteuerung und wird über ein spezielles Protokoll in die Simulation integriert. Günstiger ist es, wenn man in diesem Fall zusätzlich die Programmausführung (Zwischencode-Interpreter) auf der FTF-Steuerung beläßt. Zum einen sind die Eingriffe in die Steuerungs-Software sehr gering und zum anderen kann das Protokoll zwischen Simulation und Steuerung sehr einfach gestaltet werden. Im einfachsten Fall sind nur die aktuellen Sollwerte von der Steuerung zum Off-line-Programmiersystem zu übertragen. Soll zusätzlich die Prozeß-E/A und Kommunikation innerhalb des Off-line-Systems simuliert werden, ist das Protokoll noch um die E/A-Werte zu ergänzen. Die Bedienung des On-line-Programmiersystems kann im einfachsten Fall direkt mit der FTF-Steuerung oder mit einem hierfür erweiterten Protokoll auch im Off-line-Programmiersystem erfolgen.

Der erste Lösungsansatz weist eine Reihe von Vorteilen auf. So ist keine Steuerungs-Hardware für die Off-line-Programmierung erforderlich und damit sind auch verschiedene Steuerungsvarianten einfacher handhabbar. Die Bedienung des Off-line-Programmiersystems und der integrierten Software des On-line-Programmiersystems kann einheitlich und durch die Nutzung von grafischen Programmierhilfsmitteln komfortabel gestaltet werden. Außerdem läßt sich die Simulation von E/A-Operationen, Kommunikation und Sensoren einfacher in das Bedienkonzept integrieren. Für die zweite Lösung sprechen die erhöhte Modellgenauigkeit durch die Einbeziehung der Steuerungs-Hardware sowie der insgesamt geringere Realisierungsaufwand bei allerdings eingeschränktem Bedienkomfort.

Der Realisierungsaufwand der ersten Lösung hängt sehr stark von der Art und Weise ab, wie die Module der Steuerungs-Software in das Off-line-Programmiersystem integriert werden. Dabei kann man die folgenden Lösungsmöglichkeiten unterscheiden:

- **Spezifische Anpassung**

  Wenn Steuerungs-Software im Quellcode vorliegt, kann die Integration über eine für die jeweilige Software spezifische Anpassung erfolgen.

- **RRS-Konformität**

  In dem Industrieverbundprojekt RRS (Realistic Robot Simulation) /57/ wurde eine Schnittstelle für Off-line-Programmiersysteme zur Integration von Steuerungs-Software definiert. Sie umfaßt die Teilkomponenten Transformation (Kinematics) und die Bewegungsinterpolation (Zusammenfassung der übrigen Komponenten aus den Bereichen Preparing und Execution). Die Einbindung des Interpreters (Interpreting) wird jedoch nicht berücksichtigt. Die Integration erfolgt über eine in der "RRS-Interface Specification" festgelegte prozedurale Schnittstelle.

- **OSACA-Konformität**

  Das ESPRIT-Projekt OSACA definiert eine offene Architektur für Steuerungs-Software mit standardisierten Schnittstellen und Kommunikationsmechanismen. Ausgehend von diesem Projekt läßt sich folgender Lösungsvorschlag ableiten: Portiert und integriert man die Steuerungsplattform von OSACA in ein Off-line-Programmiersystem, können einige oder alle Teilkomponenten einer OSACA-konformen Steuerungs-Software in Form von Applikations-Software-Modulen ohne Anpassungsaufwand in die Simulation eingebunden werden.

Berücksichtigt man den in Tabelle 6.8 bewerteten Anpassungsaufwand der verschiedenen Verfahren, so ist langfristig eine Lösung auf Basis der OSACA-Spezifikation gegenüber einer Variante gemäß RRS zu bevorzugen. Voraussetzung hierfür ist aber die breite Verfügbarkeit OSACA-konformer Steuerungs-Software-Module und Kommunikationsmechanismen. Vorteilhaft ist auch die On-line-Steuerungsankopplung gemäß Lösung 1. Sie erfordert zwar für jede Steuerungs-Software einen gewissen Anpassungsaufwand, dieser ist jedoch gering.

6.2.3.3 Einbindung der Sensorsimulation

Die zu simulierende Sensorik läßt sich in Navigations- und Kollisionsschutzsensorik unterteilen. Da es ein breites Spektrum von Sensoren für diese Einsatzgebiete gibt, soll hier nicht die Sensorsimulation selbst, die sich von Sensor zu Sensor stark unterscheidet, sondern die Form ihrer Einbindung in den Simulationsablauf untersucht werden. Über

Integrationsverfahren	Anpassungsaufwand bei n Steuerungsvarianten	
	Steuerungs-Software	Off-line-System
Spezifische Anpassung	n-mal	n-mal
RRS-Konformität	n-mal	einmal
OSACA-Konformität	keiner	einmal
On-line-Steuerungsankopplung	n-mal (gering)	einmal

Tabelle 6.8: Anpassungsaufwand zur Integration von n Varianten der Steuerungs-Software

die so definierte Schnittstelle erfolgt dann die Integration beliebiger Sensorsimulationsmodule.

Eine Klassifizierung der Zugriffe auf die Navigationssensorik zeigt Tabelle 6.9. Dabei weisen die ersten beiden Fälle im Prinzip die gleichen Charakteristika auf, wobei einmal die Auslösung der Sensorzugriffe durch den Zwischencode-Interpreter und im anderen Fall von der Geometriedatenverarbeitung an im Bewegungsbefehl spezifizierten Punkten erfolgt. Als Ergebnis eines solchen Aufrufs der Sensorsimulation wird das aktuelle Referenzkoordinatensystem auf einen neuen Wert gesetzt. Anders verhält es sich beim dritten Fall. Hier gilt es, eine sensorgestützte Fahrzeugbewegung nachzubilden. Ein Beispiel hierfür ist die Fahrt entlang eines Leitdrahtes. In diesem Fall übernimmt die Sensorsimulation von der Geometriedatenverarbeitung die Aufgabe der Sollwertvorgabe.

Der Wirkungsbereich der Kollisionsschutzsensorik spielt für die Programmierung eine

Sensorzugriffe / Eigenschaften	bei Fahrzeugstillstand	während der Fahrzeugbewegung	
		an diskreten Referenzpunkten	kontinuierlich bei sensorgestützter Fahrt
Auslösung durch	Zwischencode-Interpreter	Geometriedaten-verarbeitung	Geometriedaten-verarbeitung
Schnittstellendaten	Referenzkoordinaten	Referenzkoordinaten	Sollwerte

Tabelle 6.9: Klassifizierung der Zugriffe auf die Navigationssensorik

wichtige Rolle. Häufig ist der Bereich, in dem ein Fahrzeug wegen einer möglichen Kollision abgebremst wird, größer als es für eine kollisionsfreie Fahrt notwendig ist (Bild 6.9). In einem solchen Fall ist die Größe des überwachten Gebiets bei der Programmierung des Fahrkursabstandes von Hindernissen zu beachten. In der Umgebung von Engstellen der Anlagengeometrie reicht dies teilweise nicht aus, und es muß zusätzlich der Wirkungsbereich des Kollisionsschutzsensors vom Fahrprogramm aus eingeschränkt werden. In allen diesen Fällen ist es für den Programmierer eine wesentliche Erleichterung, wenn der aktuelle Wirkungsbereich der Kollisionsschutzsensorik in Form einer Fläche oder, nur in seltenen Fällen notwendig, in Form eines Körpers dargestellt wird. Dazu können die entsprechenden Sensorparametrierungen und Sensormodelldaten an die Visualisierung weitergeleitet werden.

6.2.3.4 Simulation von Prozeß-E/A und Kommunikation

Die Simulation von Prozeß-E/A und Kommunikation bildet den Zugriff auf Ein- und Ausgänge sowie Kommunikationskanäle der Fahrzeugsteuerung nach. Das Hauptanwendungsfeld ist die Synchronisierung eines FTF mit Übernahme- und Übergabestationen sowie peripheren Einrichtungen. Das Prinzip dieser Simulation zeigt Bild 6.10. Die binären und analogen Ein- und Ausgänge sowie die Kommunikationskanäle können mit Hilfe des Simulationssystems zwischen verschiedenen Anlagenkomponenten beliebig verschaltet werden:

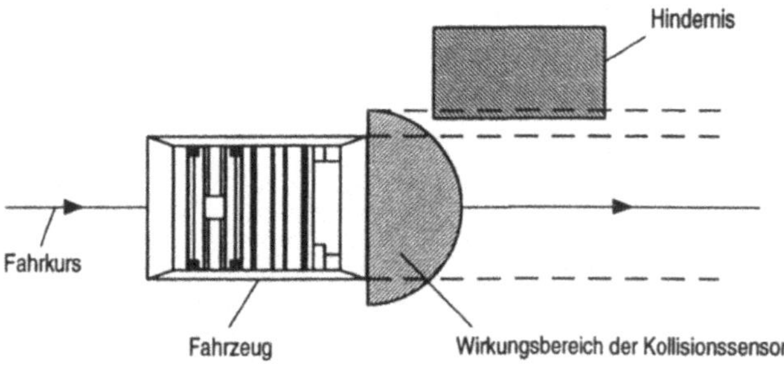

Bild 6.9: Beispiel eines Fahrkurses ohne Berücksichtigung des Wirkungsbereichs der Kollisionsschutzsensorik

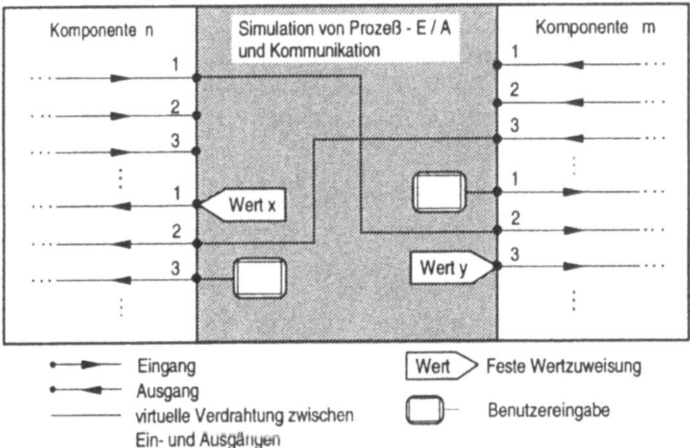

Bild 6.10: Mechanismen der Simulation von Prozeß-E/A und Kommunikation

- Der Ausgang einer Komponente kann mit dem Eingang einer anderen Komponente durch eine virtuelle Verdrahtung verbunden werden.
- Einem Eingang kann ein konstanter Wert zugewiesen werden.
- Der Wert eines Eingangs kann bei jedem Lesen vom Benutzer abgefragt werden.

6.2.3.5 Schnittstelle zur Dynamiksimulation

Die Dynamiksimulation ermöglicht die Nachbildung der Abweichungen zwischen Soll- und Istwerten von FTF, Lasthandhabungseinrichtungen oder Industrierobotern. Die Genauigkeit der Simulation wird dadurch erhöht. Voraussetzung dafür ist die Verfügbarkeit eines Dynamikmodells und der zugehörigen Dynamikparameter für die zu simulierende Anlagenkomponente. Seine Erstellung ist Gegenstand zahlreicher Forschungsarbeiten (z.B. /67/) und wird an dieser Stelle nicht weiter verfolgt. Ist ein solches Modell vorhanden, gibt es bereits kommerziell verfügbare Hilfsmittel zur Durchführung der Dynamiksimulation. Ein Beispiel ist das regelungstechnische Simulationssystem MATRIXx /68/. Es ist daher nicht sinnvoll, eine solche Funktionalität im Off-line-Programmiersystem nachzubilden. Statt dessen ist eine Schnittstelle zur Einbindung eines solchen Systems in den Simulationsablauf des Off-line-Programmiersystems zu schaffen. Dabei bildet die Dynamiksimulation einen vom Off-line-Programmiersystem getrennten Prozeß. Dieser Prozeß kann zur Steigerung der Rechengeschwindigkeit auf einem separaten Rechner ausgelagert sein. Bei der Gestaltung der Schnittstelle zwischen dem Off-line-Programmiersystem und der Dynamiksimulation ist daher ein netzwerkfähiges Protokoll zu wählen. Mit diesem Protokoll werden die Sollwerte vom Off-line-Programmiersystem an die Dynamiksimulation und in der umgekehrten Richtung die daraus berechneten Istwerte übertragen.

6.2.3.6   Konzeption des Simulationssystems

Aus den Ergebnissen der vorangegangenen Kapitel kann nun die Systemstruktur der Simulation abgeleitet werden. Um den vielfältigen Möglichkeiten an zu simulierenden Anlagenkomponenten und -konfigurationen gerecht zu werden, ist es sinnvoll, das Simulationssystem in Form eines Baukastens mit klar abgegrenzten Schnittstellen zwischen den einzelnen Modulen zu konzipieren. Dies erleichtert es, Module aus anderen Systemen, beispielsweise der FTF-Steuerung, zu nutzen und das Off-line-Programmiersystem künftig für andere Anwendungsfelder z.B. die Anlagenplanung zu erweitern. Gerade die sehr intensive Verwendung von bereits vorhandenen Software-Modulen in der Simulation wie auch in der Programmierung - On-line-Programmiersystem sowie Geometriedatenverarbeitung aus der FTF-Steuerung, Dynamiksimulation, Verkehrsregelung und Basissystem der Visualisierung - führt neben den Vorteilen einer höheren Modellgenauigkeit und einer durchgängigen Programmierung vor allem zu einer Reduzierung der Kosten des Off-line-Programmiersystems. Bild 6.11 zeigt die vorgeschlagene Baukastenstruktur der Simulation, die im folgenden genauer erläutert wird.

Der Simulationssystemkern stellt die erforderlichen Schnittstellen zur Integration der zentralen, nur einmal im Simulationssystem vorhandenen Module Verkehrsregelung, E/A-Verwaltung und Visualisierung bereit. Durch die Verwendung einer allgemeinen Programmierschnittstelle mit einem unterlagerten Anpassungsmodul können, wie im Bild 6.11 angedeutet, verschiedene Varianten der Visualisierung integriert werden. Die Simulation einzelner Kinematiken erfolgt wahlweise durch einen Zwischencode-Interpreter oder eine On-line-Steuerungsankopplung. Für jede zu programmierende Anlagenkomponente (Fahrzeuge, stationäre Lasthandhabungseinrichtungen) wird ein Zwischencode-Interpreter oder eine On-line-Steuerungsankopplung bereitgestellt. Für jeden verwendeten Sensor ist es möglich, eine entsprechende Sensorsimulation zu integrieren. Die Befehle zur Bewegungserzeugung werden bei Verwendung eines Zwischencode-Interpreters an die Geometriedatenverarbeitung übergeben. Anstelle einer Gleichsetzung von

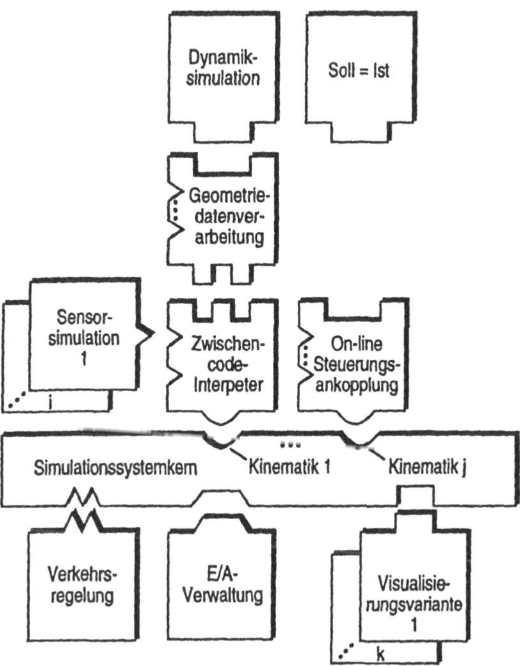

Bild 6.11: Baukastensystem zur Simulation von fahrerlosen Transportsystemen und
Industrierobotern

Soll- und Istwerten läßt sich eine Dynamiksimulation integrieren. Außerdem ist es möglich, an die Geometriedatenverarbeitung einen oder mehrere Sensorsimulationsmodule
für die Nutzung der Sensorik während der Fahrt anzuschließen. Die bei gleichzeitiger
Simulation mehrerer Fahrzeuge notwendige Verkehrsregelung kann mit demselben
Software-Modul wie in der realen Anlage durchgeführt werden. Einen eigenständigen
Verkehrsregelungsmodul für die Off-line-Programmierung zu entwickeln ist nicht sinnvoll. Die Schnittstelle zu diesem Modul besteht im wesentlichen aus Blockstreckenanforderungen und -freigaben.

Die aufgeführten Module des Simulationsbaukastens sind teilweise

- mehrfach in Form von parallelen Prozessen integrierbar (z.B. Zwischencode-Interpreter und alle mit ihm verbundenen Module),

- alternativ verwendbar (z.B. Dynamiksimulation oder Gleichsetzung von Soll- und Istwerten) und
- optional je nach Anforderung der jeweiligen Anwendung (z.B. Verkehrsregelung).

6.2.4 Bedienung

Entsprechend der Zielsetzung einer **anwenderorientierten** Programmierung ist der Zugang zum Off-line-Programmiersystem möglichst einfach zu gestalten. Dies kann insbesondere durch die window-orientierte Gestaltung der Bedienoberfläche erreicht werden. Bei Verwendung des Betriebssystems UNIX hat sich dabei die Grafikbibliothek X-Window /64/ als unterlagertes System allgemein durchgesetzt. Darauf aufbauend können verschiedene leistungsfähigere Window-Systeme, z.B. OSF/Motif /69/, eingesetzt werden, was den Realisierungsaufwand gegenüber der alleinigen Verwendung von X-Window deutlich senkt. Ein wichtiger Vorteil von X-Window ist seine Netzwerktransparenz, d.h. eine direkt oder indirekt darauf aufbauende Bedienoberfläche kann auf einem beliebigen X-Window-fähigen Rechner dargestellt werden. Der Rechner, der das Programm ausführt, wird als X-Client und der Rechner, der die Bedienoberfläche darstellt, als X-Server bezeichnet. In diesem Zusammenhang ist es wichtig, daß die Bedienoberfläche des Off-line-Programmiersystems sich in zwei Bereiche untergliedern läßt. Zum einen den Bereich für den Dialog mit dem Bediener des Systems und zum anderen den Bereich für die Visualisierung, d.h. der grafischen Darstellung der Anlagenkomponenten. Der erste Bereich ist durch die Verwendung von X-Window netzwerktransparent. Günstig ist es, wenn auch die Visualisierung netzwerktransparent ist. Dies hängt vom verwendeten Basissystem der Visualisierung ab. Netzwerktransparenz läßt sich beispielsweise mit einem CAD-System auf der Grundlage von X-Window erreichen. Sind beide Bereiche netzwerktransparent, ist es möglich, für die Visualisierung und den Dialog mit dem Benutzer ein kostengünstiges X-Window-Terminal zu verwenden (Bild 6.12 Konfiguration 1). Für die Konfigurationen 2 und 3 in Bild 6.12 ist eine Netzwerktransparenz der Visualisierung nicht erforderlich. Die Konfiguration 3 bietet den Vorteil, daß jeweils ein ganzer Bildschirm für die Visualisierung und den Dialog mit dem Benutzer zur Verfügung steht. Eine Anwendung hierfür ist die Nutzung der On-line-Visualisierung, um für die FTS-Steuerung ein aktuelles Anlagenabbild bereitzustellen.

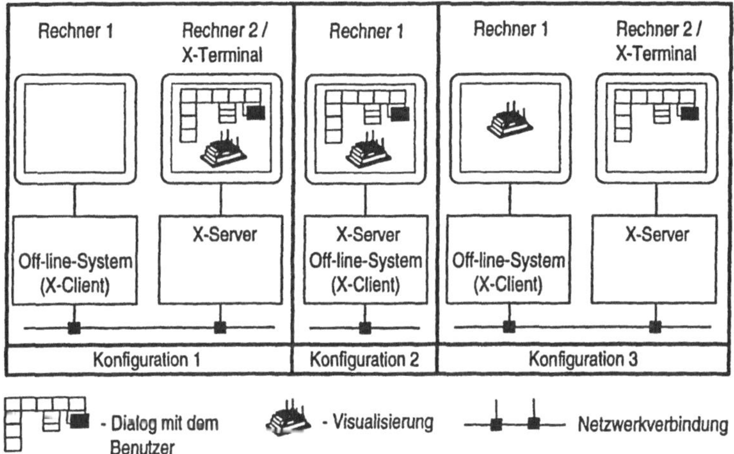

Bild 6.12: Mögliche Konfigurationen der Bedienung des Off-line-Programmiersystems

6.3 Aufgabenorientiertes Programmiersystem unter Verwendung expliziter Fahrprogramme

Ausgehend von dem in Kapitel 4.4 erarbeiteten Funktionsumfang eines aufgabenorientierten Programmiersystems mit expliziten Fahrprogrammen als wesentlichem Bestandteil der Datenbasis (siehe auch Bilder 4.7, 4.8 und 4.9) ergeben sich die folgenden in diesem Kapitel zu lösenden zentralen Problemstellungen:

- Bereitstellung der Datenbasis,
- Generierung eines Fahrprogramms aus einer Aufgabenbeschreibung,
- Erzeugung von Testprogrammen.

6.3.1 Bereitstellung der Datenbasis

Die Datenbasis ist die Arbeitsgrundlage des aufgabenorientierten Programmiersystems. Zunächst ist ihr Inhalt festzulegen, um dann die Erstellung der enthaltenen Komponenten zu betrachten. Dabei müssen insbesondere die Analyse und Zerlegung von übergeordneten Fahrprogrammen, die automatische Generierung von elementaren Teilprogrammen für Lasthandhabungen sowie die Bestimmung von Ausführungszeiten näher untersucht werden. Außerdem ist die Konsistenz der Datenbasis zu gewährleisten.

6.3.1.1 Inhalt und Erstellung der Datenbasis

Betrachtet man den im Kapitel 4.4 dargestellten Funktionsumfang und die Arbeitsweise des aufgabenorientierten Programmiersystems, lassen sich die folgenden Komponenten der Datenbasis identifizieren:

- übergeordnete Fahrprogramme,
- elementare Teilprogramme zur Beschreibung des Fahrkurses,
- elementare Teilprogramme für Lasthandhabungen und sonstige Fahrzeugaktionen,
- topologische Struktur des Fahrkursgraphen inklusive Informationen über aktuelle Streckenblockaden und -auslastungen,
- Ausführungszeiten der elementaren Teilprogramme bezogen auf Referenzfahrzeuge,
- Teststatus von übergeordneten Fahrprogrammen sowie Knoten und Kanten des Fahrkursgraphen,
- Daten über die zu transportierenden Lasten (Kennung, Geometrie, Masse, Handhabungseinrichtung, Werkzeuge),
- Parameter der Halte-, Lastübernahme- und Übergabestationen (Kennung, Geometrie, Lastpositionen, Lastkapazität, Lasthandhabungseinrichtung, Werkzeuge) und die Zuordnung zu möglichen Lasthandhabungen und Aktionen des FTF an diesen Punkten,
- Angaben zu den verwendeten FTF (Kennung, Geometrie, Kinematik, dynamische Kennwerte wie Geschwindigkeit und Beschleunigungsvermögen, Lastpositionen, Lastkapazität, Lasthandhabungseinrichtungen, Werkzeuge).

Die übergeordneten Fahrprogramme sind vom Off-line- oder On-line-Programmiersystem bereitzustellen. Die Ableitung von elementaren Teilprogrammen und topologischen Informationen aus übergeordneten Fahrprogrammen, die Bestimmung von Ausführungszeiten sowie die automatische Generierung von elementaren Teilprogrammen zur Lasthandhabung muß im folgenden noch genauer untersucht werden. Der Teststatus von übergeordneten Fahrprogrammen sowie Knoten und Kanten des Fahrkursgraphen wird vom aufgabenorientierten Programmiersystem in enger Zusammenarbeit mit dem On-line-Programmiersystem verwaltet. Zur Beschreibung der FTF, Lasten, Halte-, Lastübernahme- und Lastübergabestationen sind einige der Modellierungsmöglichkeiten des Off-line-Programmiersystems (siehe Kapitel 6.2.1) nutzbar, wobei der größte Teil dieser

Daten nur im Falle einer automatischen Generierung von elementaren Teilprogrammen für die Lasthandhabung benötigt wird.

6.3.1.2   Analyse und Zerlegung übergeordneter Fahrprogramme

Das Grundprinzip der Analyse und Zerlegung von übergeordneten Fahrprogrammen zeigt Bild 4.7. Da für die Analyse der Quellprogramme eine ähnliche Funktionalität benötigt wird, wie sie der im Kapitel 6.1.3 eingeführte Übersetzer besitzt, kann dieser als Ausgangsbasis herangezogen werden. Statt der Erzeugung von Zwischencode werden jedoch elementare Teilprogramme, topologische Informationen und die Verkehrsregelungsstruktur einer Anlage ausgegeben. Die dazu erforderlichen Informationen sind mit Hilfe der in den Kapiteln 5.3 und 5.4 beschriebenen Anweisungen im Programmtext abgelegt. Wesentlich ist dabei, daß sie sich auf der Ebene des Hauptkontrollflusses der übergeordneten Fahrprogramme befinden. Eine Bearbeitung von in Unterprogrammen integrierten Anweisungen ist möglich, die Berücksichtigung einer Verzweigung des Kontrollflusses jedoch nicht, da in diesem Fall keine eindeutige Zerlegung in elementare Teilprogramme vorgenommen werden kann.

Bei der Generierung topologischer Informationen wird mit jeder Start-, Ende-, Stations- und Kreuzungsanweisung ein topologischer Punkt identifiziert und mit den angegebenen Attributen in die Liste der Knoten des Fahrkursgraphen eingetragen. Jedes erzeugte elementare Teilprogramm, mit Ausnahme der aus Aktionsanweisungen hervorgegangenen, erweitert die Liste der Kanten des Fahrkursgraphen um einen Eintrag. Sind alle übergeordneten Fahrprogramme bearbeitet, liegt ein kompletter Fahrkursgraph in Form einer Knoten- und Kantenliste vor. In ähnlicher Weise wird die Struktur der Verkehrsregelung aufbauend auf den topologischen Daten erfaßt und ergibt sich am Ende als Liste der Blockstrecken und ihrer Zuordnung zu den Kanten und Knoten des Fahrkursgraphen. Für die Erzeugung von elementaren Teilprogrammen werden die Programmabschnitte zwischen Programmbeginn, Kreuzungs- oder Stationsanweisungen und Programmende sowie in Aktionsanweisungen erfaßt und auf die verwendeten Variablen und Unterprogramme hin untersucht, damit diese zusammen mit dem Programmtext in die elementaren Teilprogramme übernommen werden können. Die Datenlisten der elementaren Teilprogramme leiten sich dabei aus der Datenliste des übergeordneten Fahrprogrammes ab. Werden Variable mit einer Gültigkeit über einzelne elementare Teilprogramme hinaus benötigt, so sind diese als Teach-Variable in einer oder mehreren zentralen Datenlisten abzulegen. Die elementaren Teilprogramme können dann neben der ihnen jeweils zugeordneten Datenliste auf diese zentralen Datenlisten zugreifen.

6.3.1.3 Automatische Generierung elementarer Teilprogramme

Die automatische Generierung von elementaren Teilprogrammen für die Lasthandhabung besitzt in dem vorgestellten Verfahren zur anwenderorientierten Programmierung von FTS nur eine untergeordnete Rolle. Das explizite Erstellen dieser elementaren Teilprogramme mit dem On-line- oder Off-line-Programmiersystem erfordert in den meisten Fällen einen deutlich geringeren Aufwand als die Bereitstellung der für ihre automatische Generierung erforderlichen Datenbasis. Bei Lasthandhabungen mit sehr vielen möglichen Lastablage- und Lastaufnahmepunkten kann eine automatische Generierung jedoch sinnvoll sein, um die Notwendigkeit der expliziten Programmierung einer großen Anzahl von möglichen Lasthandhabungsvorgängen zu umgehen. Ein Beispiel ist ein Regallager mit einer Vielzahl von Ablage- und Aufnahmeplätzen in Verbindung mit einer aktiven Lasthandhabung durch das FTF. Aber auch in einem solchen Fall ist es häufig möglich, durch die explizite Erstellung eines "intelligenten Programmabschnittes" zur Lasthandhabung (strukturierte Programmierung, arithmetische Berechnungen, Parametrierung über Kommunikation oder Dateien) auf eine automatische Programmgenerierung zu verzichten. Sollte eine automatische Generierung dennoch sinnvoll erscheinen, kann bei ihrer Realisierung auf Ansätze aus dem Bereich der impliziten Programmierung von Industrierobotern und dort insbesondere aus dem Gebiet der Montage zurückgegriffen werden (z.B. /49/), die sich mit geringen Modifikationen für die automatische Programmerstellung zur Lasthandhabung eignen. Ein Problem stellt dabei jedoch die Genauigkeit dar. Die Positioniergenauigkeit eines FTF in Verbindung mit der Genauigkeit der Einrichtung zur Lasthandhabung liegt in der Regel um mindestens eine Größenordnung unter der eines Industrieroboters. Mögliche Abhilfen sind mechanische Positionierhilfen oder der Einsatz von Sensoren.

6.3.1.4 Ermittlung von Ausführungszeiten

Für die automatische Bereitstellung eines Fahrprogramms zu einer gegebenen Aufgabenbeschreibung, beispielsweise in Form einer Teilprogrammliste, ist ein optimaler Weg entlang der Kanten des Fahrkursgraphen zu bestimmen. Das wichtigste Bewertungskriterium hierfür ist die Ausführungszeit der sich ergebenden Teilprogrammliste. Da sich abhängig vom Übergang zwischen zwei elementaren Teilprogrammen ein unterschiedliches Zeitverhalten ergibt, müssen neben der Ausführungszeit der einzelnen elementaren Teilprogramme zusätzlich Korrekturwerte für die jeweiligen Teilprogrammübergänge ermittelt werden. Berücksichtigt man diese Korrekturwerte nicht, ergeben sich u.U. sehr ungünstige Wege (z.B. erhöhte Abnutzung und Verzögerungen durch unnötige Kurvenfahrt) entlang der Kanten eines Fahrkursgraphen (siehe Bild 6.13).

Die Ausführungszeiten und die Korrekturwerte für die Teilprogrammübergänge lassen sich mit Hilfe des Off-line-Programmiersystems automatisch, jeweils bezogen auf ein Referenzfahrzeug, bestimmen. Dazu sind zunächst die Ausführungszeiten der einzelnen elementaren Teilprogramme zu erfassen. Anschließend werden für jeden Knoten des Fahrkursgraphen alle möglichen Kombinationen von zwei elementaren Teilprogrammen, die diesen Knoten tangieren, jeweils direkt hintereinander ausgeführt und auf diese Weise der Korrekturfaktor für jeden Teilprogrammübergang als Differenz der Gesamtausführungszeit zur Summe der einzelnen Ausführungszeiten bestimmt. Eine automatische Ermittlung dieser Zeiten mit dem On-line-Programmiersystem durch gezielte Aufträge des aufgabenorientierten Programmiersystems ist ebenfalls möglich und führt zu genaueren Ergebnissen, stört u.U. jedoch den laufenden Betrieb einer Anlage bzw. verlängert die Inbetriebnahmezeiten. Daher empfiehlt es sich, eine neue Anlage mit den Ausführungszeiten und Korrekturwerten aus dem Off-line-Programmiersystem in Betrieb zu nehmen. Zeigen sich im laufenden Betrieb nicht optimale Wege, lassen sich diese Daten mit Hilfe des On-line-Programmiersystems korrigieren. Dazu werden entsprechende Teilprogrammlisten als Aufträge an ein FTF übermittelt und die Ausführungszeit gemessen. Wichtig ist es, dabei auftretende Störungen zu erfassen. Am gün-

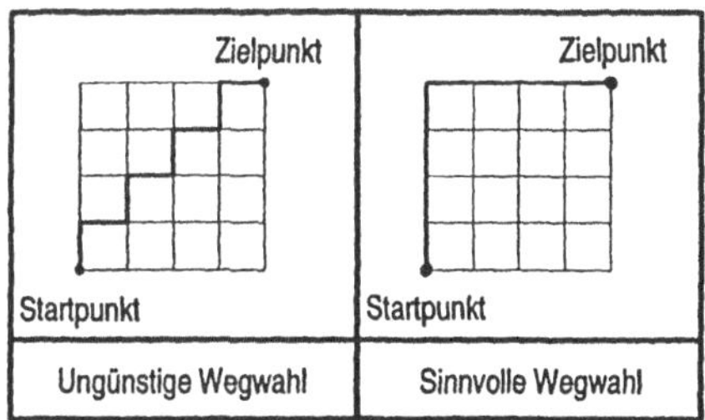

Bild 6.13: Äquivalente Wege bei Vernachlässigung von Korrekturwerten der Ausführungszeiten an Teilprogrammübergängen

stigsten kann eine solche Zeiterfassung in einer Freischicht über Nacht erfolgen. Aber auch eine schrittweise Ermittlung mit in Bereitschaft stehenden Fahrzeugen oder sogar während eines Transportauftrages ist möglich.

6.3.1.5 Konsistenzprüfung

Die Konsistenz der Datenbasis wird durch das anwenderorientierte Programmiersystem überwacht. Für eine möglichst weitgehende Konsistenzprüfung sind die Transportbeziehungs- und Bereitstellungsgraphen einzugeben. Da die möglichen Kanten des Bereitstellungsgraphen in der Regel nur in begrenztem Maße einzuschränken sind, bietet das anwenderorientierte Programmiersystem dem Benutzer dazu einen vollständig vernetzten Graphen an, von dem er dann entsprechend den Gegebenheiten seiner Anlage einzelne unzulässige Kanten entfernt. Beim Transportbeziehungsgraph kann je nach dessen Vernetzungsgrad auch die umgekehrte Vorgehensweise, d.h. die schrittweise Eingabe der zulässigen Kanten durch den Benutzer, angebracht sein. Die notwendigen Informationen über die Knoten und ihre Attribute dieser Graphen sind aus der Analyse der übergeordneten Fahrprogramme bekannt. Liegen beide Graphen vor, lassen sich alle im Kapitel 4.2 definierten Konsistenzbedingungen automatisch überprüfen. Darüber hinaus muß auch die Verkehrsregelungsstruktur einer Konsistenzprüfung unterzogen werden. So ist es beispielsweise möglich zu kontrollieren, ob eine Blockstrecke im Falle einer nur teilweisen Überdeckung des Fahrkurses mit Blockstrecken auch von mehr als einem elementaren Teilprogramm genutzt wird. Ist dies nicht der Fall, handelt es sich um einen Eingabefehler beim Blockstreckennamen. Damit stellt die automatische Konsistenzprüfung der Datenbasis ein nützliches Werkzeug für den Programmierer zur Erkennung von Fehlern bzw. Unvollständigkeiten dar (siehe auch Bild 4.9).

6.3.2 Automatische Generierung eines Fahrprogramms aus einer Aufgabenbeschreibung

Ausgangspunkt für die automatische Bereitstellung von Fahrprogrammen durch das aufgabenorientierte Programmiersystem ist eine Aufgabenbeschreibung. Sie wird vom Benutzer oder einer Software-Komponente beispielsweise dem FTS-Steuerungsbestandteil Auftragsverwaltung vorgegeben und kann die folgenden Aufträge an ein FTF umfassen:

- Bewegung von einem Start- zu einem Endpunkt mit optionalen Aktionen in diesen
  Punkten,
- Fahrzeugaktion am aktuellen Standpunkt des Fahrzeuges.

Aktionen des Fahrzeugs sind im wesentlichen Lasthandhabungen aber auch andere an
bestimmte topologische Punkte gebundene Aktivitäten, beispielsweise die Batterieladung. Es muß möglich sein, diese Aktionen gegebenenfalls zu parametrieren. Ist eine
Anpassung der Fahrprogramme abhängig vom Fahrzeugtyp oder der Lastart notwendig,
sind diese Angaben in der Aufgabenbeschreibung zu spezifizieren.Damit ergibt sich die
folgende Struktur der Aufgabenbeschreibung (Darstellung in Backus-Naur-Form, eckige
Klammern bedeuten optional, senkrechter Strich steht für oder):

[Fahrzeugtyp,] [Lastart,]
Aktion [Parameter] |
[Aktion [Parameter],] Startpunkt, Endpunkt, [Aktion [Parameter]]

Für eine gegebene Aufgabenbeschreibung stellt die Fahrprogrammgenerierung ein komplettes Fahrprogramm bereit. Dazu wird eine passende Folge von elementaren Teilprogrammen aus der Datenbasis zusammengestellt. Für die Form einer solchen Zusammenstellung von elementaren Teilprogrammen ergeben sich zwei Lösungsmöglichkeiten:

1. Die elementaren Teilprogramme werden zu einem Quellprogramm vereinigt. Dieses
   Gesamtprogramm wird übersetzt und auf die Fahrzeugsteuerung übertragen.
2. Die elementaren Teilprogramme werden getrennt übersetzt, und es wird nur eine
   Teilprogrammliste mit den Namen und gegebenenfalls Parametern der nacheinander
   auszuführenden elementaren Teilprogramme erzeugt. Lediglich neu generierte elementare Teilprogramme, beispielsweise für die Lasthandhabung, sind an die FTF-
   Steuerung zu übertragen, da diese bereits alle anderen elementaren Teilprogramme in
   übersetzter Form gespeichert hat.

Eine Bewertung dieser Lösungsmöglichkeiten zeigt <u>Tabelle 6.10</u>. Das zweite Verfahren
benötigt mehr Speicherplatz auf der FTF-Steuerung, dies ist jedoch kein prinzipbedingter
Nachteil. Statt einer Speicherung aller elementaren Teilprogramme einer Anlage in der
FTF-Steuerung ist es auch möglich, für jeden Transportauftrag alle erforderlichen elementaren Teilprogramme an die FTF-Steuerung zu übertragen. Der Preis des erforderlichen Speicherplatzes zur Ablage der elementaren Teilprogramme einer typischen Anlage
fällt jedoch gegenüber den anderen Nachteilen des ersten Verfahrens kaum ins Gewicht.

Verfahren \ Kriterium	Speichergröße FTF-Steuerung	Laufzeit-effizienz	Realisierungs-aufwand	Rechenzeit der Bereitstellung	Übertragungs-zeit zum FTF
Gesamt-programm	●	●	○	○	○
Teil-programmliste	○	○	●	●	●

● Kriterium besser erfüllt   ○ Kriterium schlechter erfüllt

Tabelle 6.10: Bewertung der Lösungsmöglichkeiten zur Zusammenstellung von elementaren Teilprogrammen

Die Laufzeiteffizienz ist durch die Totzeit des Übergangs zwischen zwei elementaren Teilprogrammen geprägt. Ist sie zu groß, kommt es zu ungewollten Verzögerungen der Fahrzeugbewegung beim Wechsel der elementaren Teilprogramme, wenn ein Anschlußbewegungssatz zu spät zur Verfügung gestellt wird. Eine solche Totzeit entsteht bei der ersten Lösung erst gar nicht. Die Totzeit für den Übergang zwischen zwei elementaren Teilprogrammen bei der zweiten Lösung ist jedoch, bedingt durch die üblicherweise sehr kurzen elementaren Teilprogramme und die im Kapitel 6.1.3 getroffene Entscheidung zur Übersetzung der Fahrprogramme in einen Zwischencode, sehr klein und gewährleistet damit ebenfalls eine unterbrechungsfreie Fahrzeugbewegung im Teilprogrammübergang. Vielmehr ins Gewicht fallen die Nachteile der ersten Lösung:

- Hoher Realisierungsaufwand, bedingt durch die Notwendigkeit der Anpassung der verschiedenartigen Variablen- und Unterprogrammdeklarationen in den einzelnen elementaren Teilprogrammen.
- Lange Rechenzeiten aus demselben Grund sowie der notwendigen Übersetzung.
- Sehr lange Übertragungszeiten für Gesamtprogramme, verursacht durch die geringe Übertragungsrate bei den heute üblichen Kommunikationsverbindungen zu den FTF.

Aus diesen Gründen ist die zweite Lösung, basierend auf Teilprogrammlisten, für die anwenderorientierte Programmierung von FTS besser geeignet.

Als nächstes ist zu untersuchen, auf welche Weise, ausgehend von einer Aufgabenbeschreibung, eine Teilprogrammliste generiert werden kann. Für die möglicherweise auszuführenden Aktionen im aktuellen Standpunkt sowie im Start- und Endpunkt ist dies sehr einfach, da sie sich direkt über die Aktionsbezeichnung identifizieren lassen. Schwieriger ist die Bereitstellung der Teilprogrammliste für die Fahrzeugbewegung vom

Start- zum Zielpunkt. Hierfür gilt es, einen optimalen Weg zwischen Start- und Zielpunkt entlang der Kanten des Fahrkursgraphen zu finden. Das wohl wichtigste Bewertungskriterium für die Wegfindung ist die Ausführungszeit, deren Ermittlung im Kapitel 6.3.1.4 beschrieben ist. Neben den Ausführungszeiten der elementaren Teilprogramme sind auch aktuelle Anlageninformationen, beispielsweise über Streckenblockaden, die zu einer temporären Reduktion des Fahrkursgraphen führen, zu berücksichtigen. Für die Wegfindung vom Start- zum Zielpunkt sind bereits Algorithmen aus der Graphentheorie /59/ und dem Operations Research /70/ bekannt. Ein geeigneter Algorithmus ist beispielsweise das Branch-and-Bound-Verfahren, bei dem während der Suche jeweils der bislang kürzeste Weg weiter verfolgt wird. Ist eine Abschätzung der Mindestentfernung bis zum Zielpunkt möglich, arbeitet dieses Verfahren noch effizienter. Eine solche Mindestentfernung kann bei einem Navigationsverfahren mit kontinuierlicher Referenzierung durch die Berechnung der Luftlinie zwischen dem aktuellen Stand- und dem Zielpunkt bestimmt werden. Bei Verfahren, die auf diskreter Referenzierung beruhen, ist dies ohne eine Vermessung der Referenzkoordinatensysteme nur näherungsweise aber meist in hierfür ausreichender Genauigkeit möglich.

Um verschiedene Algorithmen zur Wegfindung mit unterschiedlichen Optimierungskriterien einbinden zu können, muß eine einheitliche Schnittstelle zu ihrer Integration bereitgestellt werden. Aufgrund der durchgeführten graphentheoretischen Definition des Fahrkurses und den damit korrespondierenden elementaren Teilprogrammen ist dies auf einfache Weise möglich. Eingangsinformation für den Algorithmus zur Wegfindung ist ein mit den Ausführungszeiten gewichteter und entsprechend aktueller Anlageninformationen reduzierter Fahrkursgraph. Die Ausgabe des Algorithmus bildet eine zusammenhängende Kantenfolge vom Start- zum Endpunkt oder eine Fehlermeldung, falls zum aktuellen Zeitpunkt eine Verbindung nicht möglich ist.

Die Wegfindung ist in herkömmlichen FTS-Steuerungen ohne anwenderorientierte Programmierung eine Komponente der Auftragsverwaltung. Für ihre Lokalisierung in einem System mit anwenderorientierter Programmierung gibt es zwei Möglichkeiten. Zum einen kann man sie in der Auftragsverwaltung belassen und durch das aufgabenorientierte Programmiersystem mit den notwendigen topologischen Daten, Ausführungszeiten und Korrekturwerten der Teilprogrammübergänge versorgen. Zwischen Start- und Endpunkt einer Aufgabenbeschreibung darf in diesem Fall nur eine Kante des Fahrkursgraphen liegen. Alternativ dazu kann die Wegfindung über die beschriebene Schnittstelle direkt in das aufgabenorientierte Programmiersystem integriert werden. Sie erhält dann von der Auftragsverwaltung aktuelle Anlageninformationen. Für Start- und Endpunkt

einer Aufgabenbeschreibung gibt es in diesem Fall keine Restriktionen. Als Ausgangsbasis kann ein vorhandener Modul zur Wegfindung aus der FTS-Steuerung verwendet
werden.

Zur Anpassung von in der Datenbasis abgelegten elementaren Teilprogrammen an spezifische Eigenschaften eines FTF oder einer zu transportierenden Last (z.B. ein sehr
hohes Gewicht) können in die Teilprogrammliste eines Transportauftrags zusätzliche,
automatisch generierte elementare Teilprogramme eingefügt werden. Sie setzen beispielsweise die Geschwindigkeit und Beschleunigung global für alle folgenden elementaren Teilprogramme herab. In der Regel reicht hierfür ein elementares Teilprogramm
am Anfang und Ende der Teilprogrammliste aus. Die notwendigen Daten über Fahrzeugtyp und Lastart werden der Aufgabenbeschreibung entnommen.

6.3.3   Automatische Generierung von Testprogrammen

Für einen gezielten Test von Kreuzungen, Einmündungen und Verzweigungen ist es
sinnvoll, die Möglichkeiten des aufgabenorientierten Programmiersystems zu nutzen.
Ausgehend von der Spezifikation der Knoten und Kanten, die getestet werden sollen,
sind Testprogramme in Form von Teilprogrammlisten bereitzustellen. Eine Lösung zur
Bestimmung dieser Teilprogrammlisten ist es, die spezifizierten Knoten nacheinander zu
betrachten. Dabei müssen alle möglichen Kombinationen der spezifizierten Kanten in
einem Knoten durchfahren werden. Kantenkombinationen, die sich direkt aus übergeordneten Fahrprogrammen ergeben, muß man allerdings nicht erneut durchlaufen, da sie
bereits beim Test dieser Programme selbst überprüft wurden. Ebenfalls nicht mehr zu
überprüfen sind die bereits beim Test von vorhergehenden Knoten erfolgreich passierten
Kantenkombinationen. Die dazu notwendigen Informationen über bereits durchgeführte
Tests von Teilbereichen des Fahrkursgraphen werden in der Datenbasis des aufgabenorientierten Programmiersystems abgelegt. Für die automatische Generierung der Teilprogrammlisten wird eine ähnliche Funktionalität wie bei der im Kapitel 6.3.1.3
beschriebenen Wegfindung benötigt. Durch die Nutzung eines modifizierten Algorithmus aus der Graphentheorie zur Lösung des "Problems des Handelsreisenden"
(minimaler Weg zur vollständigen Durchfahrung einer unsortierten Liste von Knoten)
läßt sich dabei der für den Test der gesamten spezifizierten Knoten und Kanten erforderliche Weg minimieren. Im Beispiel aus Bild 4.2 ergibt sich für einen vollständigen Test
aller bei der Überprüfung des einzigen übergeordneten Fahrprogrammes nicht berück-
sichtigter Kantenkombinationen eine sehr einfache Teilprogrammliste (bel. Umfahrung

des Montage- und Verpackungsbereiches z.B. die Knotenfolge 13, 14, 15, 16, 17, 18, 10, 11, 12, 13, 14).

6.3.4 Schnittstellen zur FTF-Steuerung und Auftragsverwaltung

Eine Zusammenfassung der in den Kapiteln 6.1 und 6.3 aufgeführten Schnittstellen des aufgabenorientierten Programmiersystems zur FTF-Steuerung und der FTS-Steuerungs- komponente Auftragsverwaltung zeigt <u>Bild 6.14</u>. Der Austausch von aktuellen Anlagen- informationen und die Übertragung von topologischen Daten, Ausführungszeiten sowie Korrekturwerten findet dabei alternativ je nach Lage der Wegfindungskomponente statt.

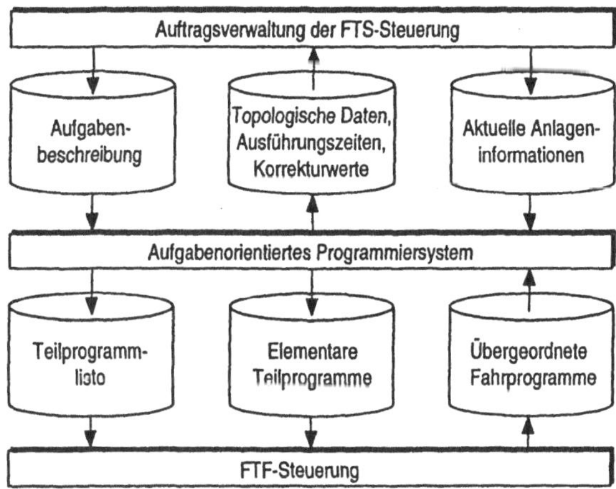

<u>Bild 6.14</u>: Schnittstellen des aufgabenorientierten Programmiersystems zur Auftragsver- waltung und FTF-Steuerung

6.4   Zusammenfassung

On-line- und Off-line-Programmiersystem zur expliziten Programmierung sowie das aufgabenorientierte Programmiersystem sind speziell an die Anforderungen und Belange von FTS angepaßt. Das On-line-Programmiersystem berücksichtigt die Leistungsfähigkeit einer FTF-Steuerung und kann daher ohne großen Kostenaufwand in heutige Systeme integriert werden. Seine Einbindung in OSACA-konforme Steuerungen ist auf einfache Weise möglich. Beim Entwurf des Off-line-Programmiersystems werden auch für andere Bereiche, wie der Programmierung von Werkzeugmaschinen und Industrierobotern, neue Lösungen aufgezeigt. Dies beinhaltet u.a. die Gestaltung des Simulationssystems als Baukasten und die damit verbundene intensive Nutzung von vorhandenen Softwarekomponenten ebenso wie die Untersuchung von Methoden zur Integration von Steuerungs-Software. Auch die vorgestellte On-line-Visualisierung mit der Darstellung von Elementen der Fahrprogramme läßt sich über das Gebiet der anwenderorientierten Programmierung von FTS hinaus zur Verkürzung von Inbetriebnahmezeiten beispielsweise von Industrierobotern einsetzen. Durch die Verwendung der Komponenten des On-line-Programmiersystems auch im Off-line-System wird eine durchgängige Programmierung gewährleistet. Das aufgabenorientierte Programmiersystem schließlich verzichtet auf eine eigenständige Bahnplanung und verwendet statt dessen eine Datenbasis von bereits erprobten Fahrprogrammen. Dies gewährleistet ein wirtschaftliches und sicheres System mit vorhersagbarem Verhalten. Die Erstellung und Modifikation von Fahrprogrammen wird durch die Möglichkeit, Konsistenzprüfungen durchzuführen, wesentlich erleichtert. Mit der Einführung von übergeordneten Fahrprogrammen kann der wesentliche Bestandteil der Datenbasis des aufgabenorientierten Programmiersystems auf einfache und übersichtliche Weise bereitgestellt werden.

Das Ziel der Arbeit, durch die Verbindung von textueller Programmierung, Play-back und aufgabenorientierter Programmierung ein leistungsfähiges Programmierverfahren bereitzustellen, wird mit den im Rahmen dieses Kapitels konzipierten Werkzeugen erreicht. Die im Kapitel 3.2 formulierten Anforderungen und die in Kapitel 3.3 aufgeführten Besonderheiten werden in vollem Umfang abgedeckt bzw. berücksichtigt. Ob sich die vorgenommene Konzeption auch praktisch umsetzen läßt, ist in der folgenden Realisierung zu verifizieren.

7 Realisiertes Gesamtsystem

Die Verifikation der Ergebnisse muß alle vier Bereiche von der Programmiersprache für FTS über On-line- und Off-line-Programmiersystem bis hin zum aufgabenorientierten Programmiersystem umfassen.

7.1 Explizite Programmiersprache für fahrerlose Transportsysteme auf der Basis von IRL

Um die Akzeptanz zu erhöhen und die Anforderung Normkonformität (Kapitel 3.2) zu erfüllen, orientiert sich die Realisierung einer anwenderorientierten Programmiersprache für FTS an bestehenden Standards. Ein Vergleich (Tabelle 7.1) möglicher Programmiersprachen aus den Bereichen NC, RC und SPS mit dem in Kapitel 5 definierten Sprachumfang zeigt, daß IRL (Industrial Robot Language DIN 66312, Teil 1) /60, 71/ die geeignetste Basis hierfür bietet.

Basissprachen / Sprachelementgruppen	DIN 66025	DIN 66025 erweitert	IRL	IEC 1131-3
Datentypen, Variable u. Konstante	◯	◑	◕	◑
Strukturierte Programmierung	◯	◕	●	●
Unterprogrammkonzept	◑	●	●	●
Bewegungsbefehl	◔	◔	◑	◯
Sensorfunktionen	◯	◯	◯	◯
Wartebefehl	◑	●	●	◕
Kommunikation	◯	◑	●	●
Verkehrsregelungstruktur	◯	◯	◯	◯
Topologische Informationen	◯	◯	◯	◯

Funktionalität vorhanden zu: ◯ 0 % ◔ 25 % ◑ 50 % ◕ 75 % ● 100 %

Tabelle 7.1: Vorhandene Funktionalitäten zur anwenderorientierten Programmierung von FTS bei möglichen Basissprachen (DIN 66025 siehe /61/, DIN 66025 erweitert nach /72/, IEC 1131-3 gemäß /73/)

Bei der Verwendung einfacher Handhabungseinrichtungen (Zusatzachsen) oder einer passiven Lasthandhabung läßt sich der Sprachumfang von IRL, im Sinne einer Skalierung des Funktionsumfanges, um einige Komponenten reduzieren. So lassen sich die umfangreichen Möglichkeiten, geometrische Berechnungen durchzuführen, einschränken. Ebenso können Industrieroboter-spezifische Elemente der Bewegungsanweisung und die vielfältigen Arten der Orientierungsdefinition entfallen. Neben diesen der Verständlichkeit dienenden Einschränkungsmöglichkeiten der Sprache IRL mußten zahlreiche FTS-spezifische Erweiterungen implementiert werden, von denen einige Beispiele in den Tabellen 7.2 und 7.3 aufgeführt sind.

Einen Eindruck von der auf diese Weise entstandenen Programmiersprache vermittelt im Anhang ein Programmbeispiel, das in abgekürzter Form den Fahrkurs aus Bild 4.2 beschreibt.

7.2   On-line-Programmiersystem am Beispiel des Versuchsfahrzeuges FLEXL

Das On-line-Programmiersystem basiert auf der am Institut für Steuerungstechnik der Werkzeugmaschinen und Fertigungseinrichtungen (ISW) entwickelten Robotersteuerung ISWRC /74/. Ausgangspunkt für deren Entstehung war die Erkenntnis, daß heutige kommerzielle Robotersteuerungen eine zu geringe Offenheit und zahlreiche Schwachstellen, beispielsweise bei der Sensorintegration oder Bedienung, aufweisen /75/. Diese Steuerung wurde an die Belange eines FTF angepaßt. In diesem Rahmen wurde auch das auf IRL basierende On-line-Programmiersystem für Industrieroboter gemäß dem in Kapitel 6.1 beschriebenen Entwurf für die Programmierung von FTS modifiziert und ergänzt. Die Struktur der Steuerung ISWRC zeigt Bild 7.1. Die Steuerungs-Software gliedert sich in einzelne Module mit einer definierten Schnittstelle nach außen. Die Kommunikation zwischen diesen Modulen erfolgt nur über die Applikationsschnittstelle, die dazu Mechanismen des verwendeten Echtzeitbetriebssystems VxWorks /76/ nutzt. Das On-line-Programmiersystem ist eines dieser Module und besteht seinerseits aus den im Kapitel 6.1.5 beschriebenen Teilkomponenten.

Die für die anwenderorientierte Programmierung von FTS notwendigen Modifikationen des IRL-Übersetzers wurden durch die Verwendung der automatischen Werkzeuge LEX /77/ und YACC /78/ erleichtert.

Sprachelement	Bedeutung
("MOVE" I "MOVE_INC") ... ... "REFER_POSE" ":=" Expr1 ["REFER_SENSOR" ":=" Expr2] ...	Sensorparametrierung und -aktivierung während der Fahrzeugbewegung bei Navigationsverfahren mit diskreter Referenzierung. "Expr1" (POSE) beschreibt den Übergang zwischen zwei Referenzkoordinatensystemen. "Expr2" (STRING) spezifiziert eine vom Standardsensor abweichende Sensorik. Die übrigen hier nicht aufgeführten Bewegungsparameter ("...") entsprechen denen von Standard-IRL.
"MOVE" "GUIDE_PATH" ... ["GUIDE_LENGTH" ":=" Expr1] "GUIDE_DIRECTION" ":=" Expr2 I "GUIDE_FREQUENCY" ":=" Expr3 I ...	Bewegungsbefehl bei leitspurgestützer Navigation. "Expr1" (REAL) gibt optional die Länge einer Fahrbewegung an. "Expr2" (INTEGER) definiert die Fahrtrichtung bei Navigationsverfahren mit passiver Leitlinie, "Expr3" (REAL) bei Verfahren mit aktiver Leitlinie. Die übrigen hier nicht aufgeführten Bewegungsparameter ("...") entsprechen denen von Standard-IRL.
"STARTPOINT" String "ENDPOINT" String	Start- und Endeanweisung.
"STATION" String	Stationsanweisung.
"INTERSECTION" String	Kreuzungsanweisung.
"ACTION" String [FormalParameter] ";" StatementBlock "ACTION_END" ";"	Aktionsanweisung mit Aktionsbezeichnung, Parameterliste (FormalParameter) und Anweisungsliste (StatementBlock).

Tabelle 7.2: Beispiele für syntaktische Erweiterungen der Roboterprogrammiersprache IRL zur anwenderorientierten Programmierung von FTS (Darstellung der Sprachelemente in Backus-Naur-Form, eckige Klammern bedeuten optional, senkrechter Strich steht für Alternativen, Hochkommas schließen Schlüsselworte ein).

Systemfunktion	Bedeutung
REFER (IN STRING: Sensor);	Sensorauswahl und -aktivierung bei Fahrzeugstillstand.
LOCK (IN STRING : Section); RELEASE ();	Blockstreckenanforderung und -freigabe.

Tabelle 7.3: Systemfunktionen für die Definition der Verkehrsregelungsstruktur und die Sensoraktivierung

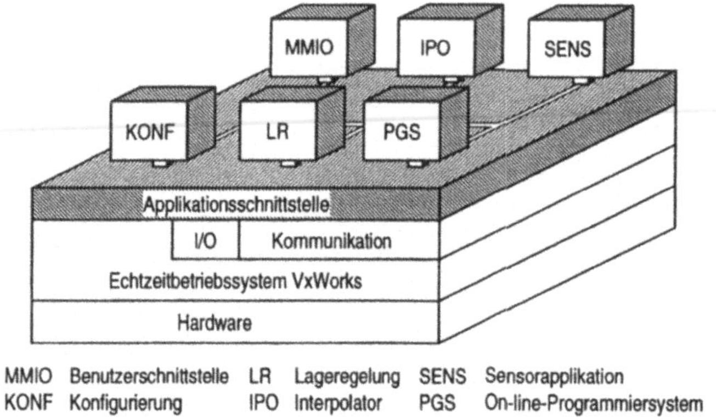

Bild 7.1: Struktur der an die Belange von FTF angepaßten Steuerung ISWRC mit dem On-line-Programmiersystem als einem Modul

Als Zwischencode wird das IRDATA-Format (Industrial Robot Data, DIN E66314) /71/ verwendet. Das internationale Pendant ICR (Intermediate Code for Robots, ISO TR 10562) /71/ liegt erst seit kurzem als Technical Report (TR) vor und ist noch nicht als internationale Norm verabschiedet. Als Grundlage für die Normung von ICR diente das IRDATA-Format, so daß eine spätere Migration zu ICR auf einfache Weise möglich ist. Für jedes neu eingefügte FTS-spezifische Sprachelement (z.B. Tabelle 7.2 und 7.3) wird mindestens ein korrespondierender neuer IRDATA-Befehl benötigt.

Das Aufzeichnen kompletter Bewegungsbahnen mit Hilfe des Play-back erwies sich bei dem verwendeten Versuchsfahrzeug aufgrund seiner Flächenbeweglichkeit von untergeordneter Bedeutung. Die Realisierung des Play-back stützt sich dabei am günstigsten auf die in IRL vorhandenen Listen von Teach-Punkten (PATH, ARRAY).

Die On-line-Visualisierung wurde auf der Basis des Netzwerkprotokolls TCP/IP mit Hilfe einer Socket-Kommunikation verwirklicht. Das Off-line-System ist dazu über Ethernet mit der Steuerung zu verbinden.

Da zum Zeitpunkt der Entwicklung von Steuerung und On-line-Programmiersystem die OSACA-Referenzarchitektur noch nicht festgelegt war, konnte noch keine OSACA-konforme Steuerung aufgebaut werden. So besitzt die verwendete Applikationsschnittstelle einen geringeren Funktionsumfang als die in OSACA spezifizierte API, dies betrifft insbesondere die Kommunikationsmechanismen. Die Nachrichten-gestützte Kommunikation verwendet noch von OSACA abweichende Protokolle, wobei gerade das On-line-Programmiersystem mit der in Kapitel 6.1.6 spezifizierten Schnittstelle bis auf die verwendeten Kommunikationsmechanismen schon sehr weitgehend der OSACA-Spezifikation entspricht. Insgesamt konnten bereits grundlegende Entwurfsgedanken aus OSACA berücksichtigt werden und die Portierung auf eine OSACA-konforme Struktur ist in Arbeit.

Die praktische Erprobung wurde erfolgreich am Versuchsfahrzeug FLEXL durchgeführt, dessen Aufbau in /28/ beschrieben ist. Für das On-line-Programmiersystem werden insgesamt 400 KByte Speicherplatz benötigt. Die größten Module sind mit 170 KByte der IRDATA-Interpreter und 130 KByte der IRL-Übersetzer.

7.3 Kostengünstiges Off-line-Programmiersystem durch die Nutzung von vorhandenen Software-Komponenten

Oberstes Ziel bei der Realisierung des Off-line-Programmiersystems war es, zu einer kostengünstigen, für den Anwendungsbereich FTS-Programmierung wirtschaftlich einsetzbaren Lösung zu gelangen. Dies konnte durch die sehr weitgehende Verwendung von Standardkomponenten und vorhandenen Software-Modulen erreicht werden. Nützliche Nebeneffekte dieser Vorgehensweise waren eine hohe Software-Qualität durch Wiederverwendung und eine erhöhte Modellgenauigkeit durch die Einbeziehung der Steuerungs-Software. Das Off-line-Programmiersystem kann gemäß Kapitel 6.2 in die Teilkomponenten Modellierung, Programmierung, Simulation und Bedienung untergliedert werden. Auf wichtige Aspekte der Realisierung dieser Teilkomponenten wird im folgenden eingegangen.

Die Grundlage für die Modellierung der Datenbasis des Off-line-Programmiersystems bildet die Sprache RDL (Robot Description Language) /79/. Alle für die Programmierung und Simulation relevanten Daten können mit ihr effektiv beschrieben werden. Lediglich die Modellierung der Geometriedaten, beispielsweise von Fahrzeugen und Handhabungseinrichtungen, erfolgt zweckmäßiger mit einem CAD-System. RDL mußte um die folgenden Elemente erweitert werden:

- Beschreibung von verzweigten kinematischen Ketten für die Modellierung der Kinematik eines FTF,
- Modellierung von Sensoren,
- Identifikation der Steuerungs-Software.

Für die Realisierung der Teilkomponente Programmierung konnten weitgehend die Module des On-line-Programmiersystems herangezogen werden. Anstelle der realen Anlage einschließlich FTF werden bei Programmerstellung und Test die Ressourcen der Simulation genutzt. Dabei profitiert insbesondere das Teach-in und der Programmtest von den grafischen Möglichkeiten der Teilkomponente Simulation.

Die Simulation wurde als Baukastensystem realisiert. Für die Teilkomponente Visualisierung wurden verschiedene Varianten erprobt. Dabei bewährte sich die im Kapitel 6.2.3.1 vorgeschlagene allgemeine Programmierschnittstelle mit einem unterlagerten Anpassungsmodul zur Integration verschiedener Basissysteme. Es stehen Visualisierungsmodule unter Verwendung der Grafikbibliothek PHIGS /66/ sowie der CAD-Systeme PROREN /80/ und AutoCAD /81/ bereit, die alle über die gleiche allgemeine Programmierschnittstelle verfügen. Im __Bild 7.2__ ist beispielhaft die Visualisierung des Versuchsfahrzeuges FLEXL mit der Grafikbibliothek PHIGS zu sehen.

Ein für die Visualisierung wichtiges zu lösendes Problem ist die Integration der Geometriedaten. Bei einer Realisierungsvariante auf der Grundlage eines CAD-Systems stellt sich diese Problematik nicht, da die Geometriedaten entweder bereits mit dem CAD-System modelliert wurden oder andernfalls das CAD-System über entsprechende Geometrieschnittstellen verfügt, um solche Daten zu importieren. Anders ist dies bei der Verwendung von PHIGS, das über eine komfortable Datenbasis zur Speicherung und Verwaltung von Geometriedaten verfügt. Auch steht ein eigenständiges Dateiformat -

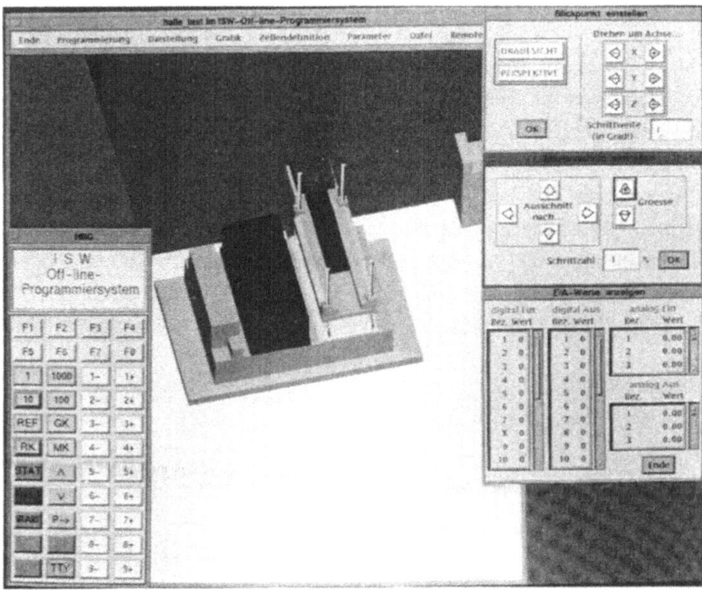

Bild 7.2: Bedienoberfläche und Visualisierung des Off-line-Programmiersystems am
Beispiel einer typischen Bediensituation

sogenannte Archive-Dateien - bereit. Eine Schnittstelle zu den in einem CAD-System
erstellten Geometriedateien ist jedoch nicht verfügbar. Da eine solche Schnittstelle die
Grundvoraussetzung für die sinnvolle Nutzung von PHIGS ist, wurde ein Konvertie-
rungsprogramm "iges2phigs" entwickelt, das von einem CAD-System erzeugte IGES-
Dateien (Initial Graphics Exchange Specification) /82/ in das Archive-Dateiformat von
PHIGS konvertieren kann (Bild 7.3). Dabei sind nach dem Einlesen einer IGES-Datei
noch interaktive Veränderungen der Geometrie, beispielsweise die Farbwahl oder eine
Änderung der Körperbezeichnungen, möglich.

Die RRS- und OSACA-Spezifikationen standen zum Zeitpunkt der Realisierung noch

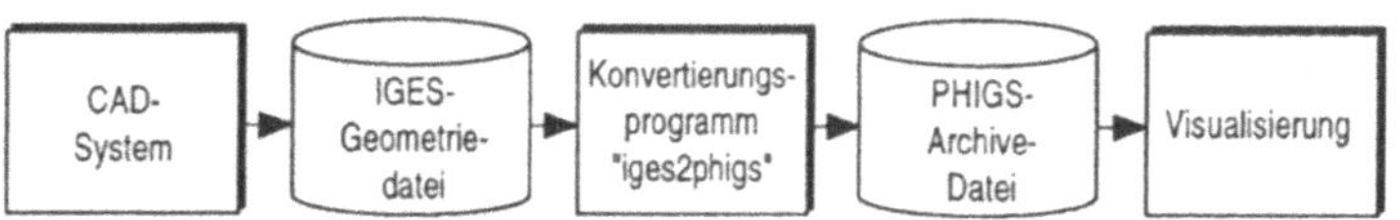

Bild 7.3 Übernahme von Geometriedaten aus einem CAD-System zur Visualisierung
mit PHIGS

nicht zur Verfügung. Daher wurden die beiden anderen im Kapitel 6.2.3.2 genannten Vorgehensweisen zur Integration wesentlicher Teile der Steuerungs-Software erprobt. Die direkte Integration der Steuerungs-Software des Versuchsfahrzeuges FLEXL über eine spezifische Schnittstelle war durch das Vorliegen des Quellcodes möglich. Als noch einfacher erwies sich die On-line-Steuerungsankopplung. Sie erfordert nur geringe Änderungen der Steuerungs-Software und des Off-line-Systems, bietet aber die beste Realitätsnähe durch die Verwendung der realen FTF-Steuerungs-Hardware. Die Kopplung wurde mit einem Protokoll auf Basis der Socket-Mechanismen der TCP/IP-Netzwerkprotokollfamilie realisiert.

Die Sensorsimulation wurde am Beispiel der diskreten Referenzierung bei Fahrzeugstillstand und während der Fahrt erprobt. Die Simulation von Prozeß-E/A und Kommunikation erwies sich als sehr nützliches Hilfsmittel für den Off-line-Test von Fahrprogrammen mit komplexen I/O-Operationen, z.B. für eine Lasthandhabung oder den Dialog mit einer Auftragsplanungskomponente der übergeordneten FTS-Steuerung. Zu jedem Zeitpunkt können die Werte sämtlicher Ein- und Ausgänge interaktiv mit Hilfe der Bedienoberfläche überprüft und gegebenenfalls modifiziert werden.

Für die Einbindung der Dynamiksimulation wurde eine Schnittstelle auf der Basis des Socket-Mechanismus zur Interprozeßkommunikation aus der TCP/IP-Protokollfamilie /83/ entwickelt, über die Soll- und Istwerte ausgetauscht werden können. Einschränkend ist allerdings anzumerken, daß die Dynamiksimulation bei der anwenderorientierten Programmierung von FTS eher eine untergeordnete Rolle spielt. Dies liegt zum einen an der häufig geringen Genauigkeit der Geometriedaten, die ohnehin eine On-line-Nachbearbeitung der off line erstellten Fahrprogramme notwendig machen. Zum anderen sind die für die dynamische Simulation von FTF notwendigen Modelle und zugehörigen Parameter meist sehr schwierig aufzustellen und zu erfassen.

Die Bedienung des Off-line-Programmiersystems wurde auf der Basis von OSF/Motif /69/ realisiert. <u>Bild 7.2</u> gibt einen Eindruck vom Erscheinungsbild der Bedienoberfläche in einer typischen Bediensituation.

Neben der Off-line-Erstellung von Fahrprogrammen ist die Nutzung des Off-line-Programmiersystems als Testumgebung für die Entwicklung von Steuerungs-Software, bei der das Simulationssystem das reale Fahrzeug ersetzt, ein weiterer wichtiger Anwendungsschwerpunkt, in dem es seine praktische Tauglichkeit unter Beweis gestellt hat. Außerdem wird das Off-line-Programmiersystem zur Sollwerterzeugung für regelungstechnische Untersuchungen erfolgreich eingesetzt. Damit hat sich die Komponente Off-line-Programmiersystem über die eigentliche anwenderorientierte Programmierung von FTS hinaus als ein nützliches Werkzeug erwiesen.

7.4   Aufgabenorientierte Programmierung

Die Realisierung des aufgabenorientierten Programmiersystems erfolgte als Off-line-Komponente unter dem Betriebssystem UNIX. Die Datenbasis des aufgabenorientierten Programmiersystems wurde in Form von alphanumerischen Dateien gestaltet. Eine Nutzung der komfortablen Möglichkeiten eines der zahlreichen unter UNIX zur Verfügung stehenden Datenbanksysteme zur Ablage dieser Informationen wurde bewußt vermieden, um das aufgabenorientierte Programmiersystem gegebenenfalls einfach auf eine FTF-Steuerung portieren zu können. Für die automatische Analyse übergeordneter Fahrprogramme konnten die gleichen Werkzeuge wie zur Realisierung des Übersetzers genutzt werden. Die sich daran anschließende Erzeugung von elementaren Teilprogrammen, topologischen Informationen und der Verkehrsregelungsstruktur erforderten jedoch die Entwicklung von jeweils eigenständigen Komponenten, die sich stark von der Code-erzeugung des Übersetzers unterscheiden. Die Möglichkeit der expliziten Spezifikation von Lasthandhabungen mit Hilfe der Aktionsanweisung erwies sich als leistungsfähig und flexibel. Eine automatische Erzeugung von elementaren Teilprogrammen für die Lasthandhabung mit der damit verbundenen meist recht aufwendigen Erfassung der notwendigen Datenbasis wird daher nur in den seltensten Fällen benötigt. Die automatische Bestimmung der Ausführungszeiten von elementaren Teilprogrammen wurde sowohl off line als auch on line erfolgreich erprobt. Zur Erkennung von Fehlern und Unvollständig-keiten bewährte sich die automatische Konsistenzprüfung auf Basis der in Kapitel 4.2 formulierten Konsistenzbedingungen.

Für die Vermeidung von Fehlern an ungetesteten Kreuzungsübergängen erwies sich die automatische Generierung von Testprogrammen als ein effizientes Werkzeug. Mit ihrer Hilfe kann sehr rasch ein vollständig ausgetesteter und damit störungsarmer Fahrkurs erstellt werden.

Insgesamt zeigte sich, daß die hier vorgestellte aufgabenorientierte Programmierung von FTS ein wirksames Hilfsmittel darstellt, um den Programmieraufwand zu reduzieren und die Qualität und Betriebssicherheit der Fahrprogramme gegenüber einer rein expliziten Programmierung deutlich zu erhöhen.

8   Zusammenfassung

Einen großen Nachteil heutiger fahrerloser Transportsysteme (FTS) stellen die hohen Kosten dar, die bei der Planung, Installation und Modifikation einer Anlage entstehen. Diese können durch eine leistungsfähige, auch dem Anwender (Betreiber) offenstehende Programmierschnittstelle erheblich gesenkt werden. Die vorliegende Arbeit hat daher die Bereitstellung eines anwenderorientierten Programmierverfahrens für FTS zum Ziel.

Als Grundlage für die Wahl einer Programmiermethode wurden zunächst die Anforderungen an ein anwenderorientiertes Programmierverfahren ermittelt und der Stand der Technik untersucht. Daran schloß sich die graphentheoretische Definition der wichtigsten Begriffe für die Programmierung von FTS an. Dies ermöglichte das Aufstellen von automatisch überwachbaren Konsistenzbedingungen, und es konnte der Zusammenhang zwischen der Größe und Struktur einer Anlage sowie der maximalen Anzahl bereitzustellender Fahrprogramme, einem wichtigen Faktor für den zu erwartenden Programmieraufwand, analysiert werden. Darauf aufbauend und unter Berücksichtigung bestehender Verfahren für FTS, Industrieroboter und Werkzeugmaschinen wurde eine Kombination aus textueller Programmierung - mit Elementen für Teach-in und Play-back - und aufgabenorientierter Programmierung als Methode zur anwenderorientierten Programmierung von FTS ausgewählt.

Die Basis dieser Methode bildet eine Programmiersprache, deren Befehlsumfang hergeleitet und die auf der Grundlage der Roboterprogrammiersprache IRL realisiert wurde. Die Erstellung von Fahrprogrammen in dieser Sprache kann mit einem On-line- oder Off-line-Programmiersystem erfolgen. Für diese Systeme wurde eine an die FTS-Programmierung angepaßte Struktur entwickelt.

Das On-line-Programmiersystem dient der direkten Erstellung von Programmen für sehr kleine Anlagen sowie zur Überprüfung, Korrektur und Ergänzung off line erstellter Fahrprogramme. Außerdem führt es Fahrprogramme unter Kontrolle der übergeordneten FTS-Steuerung aus.

Für die Programmierung vor der Fertigstellung einer Anlage bzw. parallel zu ihrem laufenden Betrieb wurde ein Off-line-Programmiersystem bereitgestellt. Weitere Anwendungsgebiete dieses Systems sind Anlagenplanung, Fahrzeugkonstruktion, Entwicklung von Steuerungs-Software und Schulung. Es nutzt die wesentlichen Komponenten des On-line-Programmiersystems, so daß eine durchgängige Programmierung zwischen Off-line- und On-line-System gewährleistet ist. Die in der Konzeption des Off-line-Programmiersystems vorgenommene sehr intensive Nutzung von bereits vorhandenen Software-Modulen führt neben den Vorteilen einer höheren Modellgenauigkeit und einer durchgängigen Programmierung vor allem auch zu einer großen Kostenreduktion gegenüber heutigen kommerziell verfügbaren Off-line-Programmiersystemen für Industrieroboter. Nur auf diese Weise wird eine wirtschaftliche Off-line-Programmierung von FTS erst möglich. Das vorgestellte Konzept einer On-line-Visualisierung mit Darstellung wichtiger Elemente des Fahrprogramms kann über das Gebiet der FTS hinaus auch für eine Verkürzung der Inbetriebnahmezeiten von Industrieroboterprogrammen genutzt werden. Damit wird insgesamt ein neuer Weg zur Entwicklung und Strukturierung von Off-line-Programmiersystemen auch für Industrieroboter aufgezeigt, der zu einer größeren Wirtschaftlichkeit und damit neuen Einsatzmöglichkeiten dieser Systeme führt.

Um den Aufwand für die Bereitstellung expliziter Fahrprogramme möglichst gering zu halten, wurde darüber hinaus ein implizites aufgabenorientiertes Programmiersystem entwickelt. Ausgangspunkt der aufgabenorientierten Programmierung sind eines oder mehrere explizit erstellte übergeordnete Fahrprogramme. Sie umfassen den gesamten Fahrkurs und weitgehend die zu programmierenden Fahrzeugaktionen, beispielsweise Lasthandhabungen. Die übergeordneten Fahrprogramme werden automatisch in elementare Teilprogramme zerlegt und bilden einen wesentlichen Bestandteil der Datenbasis des aufgabenorientierten Programmiersystems. Eine eigenständige Fahrkursplanung wird dabei durch die Verwendung von bereits erstellten und erprobten Fahrprogrammen vermieden.

Für die Erprobung des erarbeiteten Programmierverfahrens sowie der zugehörigen Programmierwerkzeuge stand das Versuchsfahrzeug FLEXL zur Verfügung. Mit ihm konnten die Funktions- und Leistungsfähigkeit der durchgeführten Entwicklungen nachgewiesen werden. Die Anforderungen an ein anwenderorientiertes Programmierverfahren werden in vollem Maße erfüllt.

Damit ist ein flexibles und kostengünstiges Verfahren zur Definition des Fahrkurses, sämtlicher Fahrzeugaktionen einschließlich des Verhaltens im Fehlerfall sowie der Verkehrsregelungsstruktur gegeben, das sowohl von FTS-Herstellern als auch durch den Anwender genutzt werden kann. Mit der vereinfachten Planung und Inbetriebnahme sowie der Möglichkeit, im laufenden Betrieb ohne großen Kostenaufwand Änderungen vornehmen zu können, erschließen sich neue Anwendungsfelder für FTS vor allem auch in kleinen und mittelständischen Unternehmen.

Literaturverzeichnis

/1/ Schulze, L.　　FTS-Bilanz Europa.
　　 Weidlich, A.　　Materialfluß und Logistik (1992) Nr. 5, S. 50-56.

/2/ Heller, J.　　Steuerungsstrukturen und Navigationskonzepte.
　　　　　　　In Seminar: Neue Entwicklungen bei leitlinienlosen
　　　　　　　Transportfahrzeugen. Stuttgart: FISW GmbH, Oktober
　　　　　　　1990.

/3/ Ullrich, G.　　Das FTS muß sich rechnen lassen.
　　　　　　　Logistik im Unternehmen 6 (1992), Nr. 4/5, S. 50-53.

/4/ Schulze, L.　　FTS-Anlagen, Stand der Technik und aktuelle
　　　　　　　Anwendungstrends.
　　　　　　　In: Tagungsband zur FTS-Fachtagung ´94, Dortmund,
　　　　　　　September 1994. Dortmund: Verlag Praxiswissen.

/5/ Mack, M.　　Das FTS von heute: Eine wirtschaftliche Lösung auch
　　　　　　　für die "schlanke" Produktion?.
　　　　　　　In: Tagungsband zur 2. Duisburger FTS-Fachtagung,
　　　　　　　September 1993. Duisburg: Selbstverlag Fertigungs-
　　　　　　　technisches Labor der Universität Duisburg, S. 1-24.

/6/ Schwager, J.　　Fahrerlose Transportsysteme - Systematik der
　　　　　　　Variantenvielfalt.
　　　　　　　In: Schriftliche Fassung zu TAE-Lehrgang Nr.
　　　　　　　14269/35.116. Technische Akademie Esslingen:
　　　　　　　Selbstverlag, 1990.

/7/ Masaaki, I.　　Kaizen, der Schlüssel der Japaner zum Erfolg im
　　　　　　　Wettbewerb.
　　　　　　　Berlin, Frankfurt: Ullstein Verlag, 1994.

/8/   Angerbauer, R.   Neue Programmierverfahren für FTS.
In Seminar: Neue Entwicklungen bei leitlinienlosen Transportfahrzeugen. Stuttgart: FISW GmbH, Oktober 1990.

/9/   Mehlin, G.   Anforderungen an FTS aus Sicht eines Anwenders.
In: Tagungsband zur FTS-Fachtagung ´93, Stuttgart, Oktober 1993. Dortmund: Verlag Praxiswissen.

/10/   Drunk, G.   Sensor- und Steuerungssystem für die leitlinienlose Führung automatischer Flurförderfahrzeuge.
Berlin [u. a.]: Springer-Verlag, 1990.

/11/   Gutsche, R.
Laloni, C.
Wahl, F. M.   Navigation und Überwachung fahrerloser Transportfahrzeuge durch ein Hallen-Sensorsystem. Autonome Mobile Systeme, 7. Fachgespräch, Karlsruhe, 1991, S. 3-12.

/12/   Karl, G.
Schmidt, G.   Sensor model based preprocessing of 3-d laser range image data and motion oriented feature extraction for mobile robot applications.
IFAC Symposium on Robot Control ´88, VDI/VDE-Gesellschaft Meß- und Automatisierungstechnik (GMA), Düsseldorf 1988, S. 70.1-70.7.

/13/   Hinkel, R.
Knieriemen, T.   Environment Perception with a Laser Radar in a Fast Moving Robot.
IFAC Symposium on Robot Control ´88, VDI/VDE-Gesellschaft Meß- und Automatisierungstechnik (GMA), Düsseldorf 1988, S. 68.1-68.7.

/14/   Brussel, H.Van
Helsdingen, C.C.Van
Machiels, K.   FROG - free ranging on grid: new perspectives in automated transport.
Proceedings of the 6th International Conference on Automated Guided Vehicle Systems, 1988, S. 223-232.

/15/ Pritschow, G.
     Jantzer, M.
     Dalacker, M.
     Heller, J.
Bewegungssteuerung und Programmierung mobiler Systeme ohne Spurbindung am Beispiel des Transportsystems FLEXL. Autonome Mobile Systeme, 5. Fachgespräch, München, 1989, S. 103-125.

/16/ Alter, I.
     Lenz, E.
A Free Ranging A.G.V. for an FMC. Annals of CIRP Vol. 37/1 (1988), S. 407-411.

/17/ Köbbing, H.
Berührungslose Geschwindigkeitsermittlung bei Flurförderfahrzeugen durch ein korrelativoptisches Meßverfahren. Köln: Verlag TÜV Rheinland, 1992.

/18/ Stierle, H.
Fahrerlose Transportfahrzeuge ohne Leitlinien - eine neue Dimension im Materialfluß. ZwF 86 (1991), Nr. 12, S. 632-636.

/19/ Kramer, G.
Inbetriebnahme und erste Betriebserfahrungen mit einem leitdrahtlos geführten Gabelstapler FTF für Kabelspulen bis 2 Tonnen, Hersteller des FTF: Fa. Schoeller. In: Tagungsband zur FTS-Fachtagung '93, Stuttgart, Oktober 1993. Dortmund: Verlag Praxiswissen.

/20/ Rembold, U.
Autonome mobile Roboter. Robotersysteme 4 (1988), S. 17-26.

/21/ Hörmann, A.
     Rembold, U.
The KAMRO System - An Advanced Robot for Autonomous Assembly. Autonome Mobile Systeme, 6. Fachgespräch, Karlsruhe, 1990.

/22/ Kampmann, P.
     Schmidt, G.
Topologisch strukturierte Geometriewissensbasis und globale Bewegungsplanung für den autonomen, mobilen Roboter MACROBE.
Robotersysteme 5 (1989), S. 149-160.

/23/ Levi, P.
     Blank, R.
Restriktionsbasierte Planungsausführung durch autonome Verkehrsagenten.
Autonome Mobile Systeme, 6. Fachgespräch, Karlsruhe, 1990, S. 23-37.

/24/ Puttkamer, E.
     Trieb, R.
Modellierung und Hierarchie der Steuerung des autonomen mobilen Roboters MOBOT-III.
Autonome Mobile Systeme, 7. Fachgespräch, Karlsruhe, 1991, S. 73-87.

/25/ Thines, M.
Werkstattorientierte Programmiersysteme - Vergleich der Konzepte und Charakteristika.
FB/IE 40 (1991) Nr. 4, S. 170-177.

/26/ Spur, G.
Stand der Programmiertechnik für Industrieroboter.
Tagungsband FTK 1988, Stuttgart, S. 143-151.

/27/ VDI 2510
Fahrerlose Transportsysteme (FTS).
VDI-Richtlinie 2510. VDI-Handbuch Materialfluß und Fördertechnik. Berlin: Beuth Verlag, 1990.

/28/ Jantzer, M.
Bahnverhalten und Regelung fahrerloser Transportsysteme ohne Spurbindung.
Berlin [u.a.]: Springer-Verlag, 1990.

/29/ Schulze, L.
FTS-Praxis.
Gräfelfing/München: Technischer Verlag Resch KG, 1985.

/30/ Hammond, G.
AGVS at work.
Berlin [u.a.]: Springer-Verlag, 1986.

/31/ Meinberg, U. Steuerung von fahrerlosen Transportsystemen.
Regelwerk zum rechnergestützten Entwurf.
Köln: Verlag TÜV Rheinland, 1989.

/32/ Jünemann, R. Materialfluß und Logistik, Systematische Grundlagen
mit Praxisbeispielen.
Berlin [u.a.]: Springer-Verlag, 1989.

/33/ Pritschow, G. CIM - Eine ganzheitliche steuerungstechnische
Aufgabe.
In: Steuerung von Materialfluß-Systemen:
Organisation, Rechner- und Kommunikations-
strukturen, Planung und Realisierung. Düsseldorf:
VDI-Verlag 1991 (VDI-Berichte Nr. 881), S. 1-22.

/34/ Demel, P, Anwenderorientierte Programmierung von FTS als
Angerbauer, R. Komponente von offenen Steuerungen.
In: Tagungsband zur FTS-Fachtagung ʼ94, Dortmund,
September 1994. Dortmund: Verlag Praxiswissen.

/35/ Pritschow, G. Open System Controllers - A Challenge for the Future
Daniel, C. of Machine Tool Industry.
Junghans, G. In: CIRP Annals 1993, Manufacturing Technology,
Sperling, W. Volume 42/1/1993, Bern, Stuttgart: Verlag Technische
Rundschau, 1993, S. 449-452.

/36/ DIN 44300 Teil 4 Informationsverarbeitung, Begriffe, Programmierung.
Berlin: Beuth Verlag, 1988.

/37/ Zeidler, A. Software-Ergonomie - Techniken der Dialoggestaltung.
Zeller, R. München, Wien: R. Oldenbourg Verlag, 1992.

/38/ Rembold, U.

Programming of Industrial Robots - Today an in the Future.
NATO ASI Series, Vol. F29, Languages for Sensor-Based Control in Robotics, Edited by U. Rembold and K. Hörmann. Berlin [u.a.]: Springer-Verlag, 1987, S. 3-23.

/39/ Angerbauer, R.

FTS-Anwenderprogrammierung in IRL.
In: Tagungsband zur FTS-Fachtagung '92, Dortmund, Oktober 1992. Dortmund: Verlag Praxiswissen.

/40/ Krug, P.

Fahrerlose Transportsysteme - Neue Entwicklungen - Grundlagen - Beispiele.
In: Schriftliche Fassung zu TAE Lehrgang Nr. 12901/35.104. Technische Akademie Esslingen: Selbstverlag 1990.

/41/ Müller, E.

Inbetriebnahme im Stundentakt.
In: Tagungsband zur FTS-Fachtagung '94, Dortmund, September 1994. Dortmund: Verlag Praxiswissen.

/42/ Schumacher, H.

Einheitliche Programmierung von Automatisierungs-komponenten roboterbestückter Bearbeitungs- und Montagezellen.
Berlin [u.a.]: Springer-Verlag, 1991.

/43/ Horn, J.
Bott, W.
Freyberger, F.
Schmidt, G.

Kartesische Bewegungsteuerung des autonomen, mobilen Roboters MACROBE.
Robotersysteme 8 (1992), S. 33-43.

/44/ Kanayama, Y.
Noguchi, T.

Locomotion Functions for a Mobile Robot Language.
Proceedings of the IEEE/RSJ International Workshop on Intelligent Robots and Systems, Tsukuba, Japan, September 1989, S. 542-549.

/45/   Kanayama, Y.   Locomotion Functions in the Mobile Robot Language,
       Onishi, M.   MML.
Proceedings of the IEEE International Conference on
Robotics and Automation, Sacramento, USA, April
1991, S. 1110-1115.

/46/   Caracciolo, R.   The Off Line Programming of Robot for Assembling
       Ceresole, E.   Tasks.
       Rossi, A.
Proceedings of the Second Conference on
Mechatronics and Robotics, Duisburg/Moers, Sept.
1993, S. 433-446.

/47/   Freund, E.   OSIRIS - Ein objektorientiertes System zur impliziten
       Heck, H.   Roboterprogrammierung und Simulation.
       Kreft, K.   Robotersysteme 6 (1990), S. 185-192.
       Mauve, Chr.

/48/   Frommherz, B.   A Concept for a Robot Action Planning System.
       Hoermann, K.   NATO ASI Series, Vol. F29. Berlin [u.a.]: Springer-
Verlag, 1987, S. 125-145.

/49/   Pritschow, G.   Anwenderorieniertes Programmieren von Montage-
       Wieland, E.   robotern.
Zwf 88 (1993), Nr. 9, S. 426-428.

/50/   Weck, M.   AUTOFIX: A Task Level Robot Programming System
       Weeks, J.   for Automated Fixturing.
IFAC Symposium on Robot Control ´88. Düsseldorf:
VDI/VDE-Gesellschaft Meß- und Automatisierungs-
technik (GMA), 1988, S. 46.1-46.6.

/51/   Luz, J.   Programmierung leitlinienloser fahrerloser Transport-
       Müllerschön, J.   fahrzeuge.
Zeitschrift für Logistik, Nr. 3/1992, S. 35-38.

- 137 -

/52/ Angerbauer, R. Off-line-Programmierung.
In Seminar: Aktuelle Entwicklungen in der Roboter-systemtechnik. Stuttgart: FISW GmbH, Mai 1991.

/53/ Häfele, K.-H. Off-line-Programmierung und kinematische Simulation.
KfK-Nachrichten, Jahrgang 22, 2/90, S. 91-95.

/54/ Winterstein, R. Produktionsanlagen am Bildschirm entworfen - CAD / CAM-Unterstützung für den Industrieroboter-Einsatz.
IBM Nachrichten 41 (1991), Heft 304.

/55/ Herkommer, F.F.
Kuhmeyer, M.
Stühlen, U. Rechnerunterstütztes Planen von Industrieroboter-Einsätzen.
ZwF 85 (1990), Nr. 4, S. 188-192.

/56/ Constantinescu, V. Flexible Fertigungszellen und Industrieroboter off line programmieren.
ZwF 85 (1990), Nr. 4, S. 193-197.

/57/ Bernhardt, R.
Jacobi, A.
Schreck, G.
Willnow, C. Realistische Simulation von Industrierobotern.
Zwf 89 (1994), Nr. 4, S. 159-162.

/58/ Hipp, J. Materialflußtechnik.
Maschinenmarkt, Würzburg 96 (1990), Nr. 13, S. 23-28.

/59/ Busacker, R. G.
Saaty, T. L. Endliche Graphen und Netzwerke.
München Wien: Oldenbourg Verlag, 1968.

/60/ DIN 66312 Teil 1 Industrial Robot Language (IRL).
Berlin: Beuth Verlag, 1993.

/61/ DIN 66025   Programmaufbau für numerisch gesteuerte Arbeits-
    Teil 1 und 2   maschinen, Teil 1 und 2: Wegbedingungen und Zeit-
                      funktionen.
                      Berlin, Köln: Beuth Verlag 1987.

/62/ Dijkstra, E. W. Co-operating sequential processes.
                      In: Programming Languages.
                      London, New York: Academic Press, 1968.

/63/ Brag, J.   Specification of Reference Architecture. OSACA
    Gillant, F.   Deliverable D121, ESPRIT III - CIME IV.1.2, Project
    Lin, L.   6379. Brüssel: Selbstverlag der Europäischen Union,
    Mendéndez, A.   1993.
    Müller, J.
    u.a.

/64/ Scheifler, R.   The X Window System,
    Gettty, J.   ACM Transactions on Graphics, Vol. 5, April 1986,
                      S. 79-109.

/65/ N.N.   Graphics Library Programming Guide.
                      Firmeninformation (Manual) der Firma Silicon
                      Graphics, 1993.

/66/ ISO 9592   International Organisation for Standardisation (ISO),
                      "Information Processing Systems - Computer Graphics
                      - Programmer´s Hierarchical Interactive Graphics
                      System (PHIGS)", ISO 9592, ISO Central Secretariat,
                      1989.

/67/ Gronbach, H.   Realistic Simulation of the Dynamics of Coupled
    Dalacker, M.   Mechanical Systems.
                      In: Tagungsband zur 8. TEDAS News Conference,
                      München: Selbstverlag TEDAS GmbH, Oktober 1992.

- 139 -

/68/	N.N.	MATRIXx Handbook, Version 3.0. Santa Clara, California: Integrated Systems Inc., 1992.
/69/	Open Software Foundation	OSF/Motif Programmer´s Guide, OSF/Motif Programmer´s Reference, OSF/Motif Style Guide, OSF/Motif Users Guide. Englewood Cliffs, New Jersey: Prentice-Hall, 1991.
/70/	Neumann, K.	Operations Research Verfahren Band III. München, Wien: Carl Hanser Verlag 1975.
/71/	Pritschow, G. Frager, O.	Roboterzellen-Programmierung: Die Sprache IRL und der Zwischencode ICR. Robotersysteme 8 (1992), S. 25-32.
/72/	N.N.	Programmieranleitung, Version 2.4.1. Stuttgart: ISG GmbH, 1994.
/73/	DIN IEC 1131	Speicherprogrammierbare Steuerungen. Teil 3: Programmiersprachen. Berlin: Beuth Verlag, 1992.
/74/	Pritschow, G. Uhl, A. Demel, P.	Flexibility and Cost Efficiency with an Open Multitasking Control Architecture for Robots. In: Proceedings of the 25th International Symposium on Industrial Robots, Hannover April 1994, S. 395-402.
/75/	Angerbauer, R. Rentschler, U.	Automatische Wirbelstromrißprüfung von Flugzeug- turbinenläufern - Ein Beispiel für die Schwachstellen konventioneller Robotersteuerungstechnik. In: Industrieroboter messen und prüfen. Düsseldorf: VDI-Verlag 1991 (VDI-Berichte Nr. 921), S. 147-161.

ISW Forschung und Praxis

Berichte aus dem Institut für Steuerungstechnik der Werkzeugmaschinen und Fertigungseinrichtungen der Universität Stuttgart

Herausgegeben bis Band 57 von Prof. Dr.-Ing. G. Stute †
ab Band 58 Prof. Dr.-Ing. Dr. h.c. G. Pritschow

25 O. Klingler, Steuerung spanender Werkzeugmaschinen mit Hilfe von Grenzregel-
einrichtungen (ACC), 124 S., 1979

26 L. Schenke, Auslegung einer technologisch-geometrischen Grenzregelung
für die Fräsbearbeitung, 113 S., 1979

27 H. Wörn, Numerische Steuersysteme-Aufbau und Schnittstellen eines Mehrprozessorsteuersystems, 141 S., 1979

28 P. B. Osofisan, Verbesserung des Datenflusses beim fünfachsigen NC-Fräsen,
104 S., 1979

29 J. Berner, Verknüpfung fertigungstechnischer NC-Programmiersysteme, 101 S., 1979

30 K.-H. Böbel, Rechnerunterstützte Auslegung von Vorschubantrieben, 113 S., 1979

31 W. Dreher, NC-gerechte Beschreibung von Werkstücken in fertigungstechnisch
orientierten Programmiersystemen, 105 S., 1980

32 R. Schurr, Rechnerunterstützte Projektsteuerung hydrostatischer Anlagen, 115 S., 1981

33 W. Sielaff, Fünfachsiges NC-Umfangfräsen verwundener Regelflächen. Beitrag
zur Technologie und Teileprogrammierung, 97 S., 1981

34 J. Hesselbach, Digitale Lageregelung an numerisch gesteuerten Fertigungseinrichtungen, 111 S., 1981

35 P. Fischer, Rechnerunterstützte Erstellung von Schaltplänen am Beispiel der
automatischen Hydraulikplanzeichnung, 111 S., 1981

36 U. Ackermann, Rechnerunterstützte Auswahl elektrischer Antriebe für
spanende Werkzeugmaschinen, 118 S., 1981

37 W. Döttling, Flexible Fertigungssysteme – Steuerung und Überwachung des
Fertigungsablaufs, 105 S., 1981

38 J. Firnau, Flexible Fertigungssysteme – Entwicklung und Erprobung eines
zentralen Steuersystems, 112 S., 1982

39 A. Herrscher, Flexible Fertigungssysteme – Entwurf und Realisierung
prozeßnaher Steuerungsfunktionen, 103 S., 1982

40 U. Spieth, Numerische Steuersysteme – Hardwareaufbau und Ablaufsteuerung
eines Mehrprozessorsteuersystems, 115 S., 1982

41 A. Schimmele, Rechnerunterstützter Entwurf von Funktionssteuerungen für
Fertigungseinrichtungen, 106 S., 1982

42 M. Sanzenbacher, NC-gerechte Beschreibung von Werkstücken mit gekrümmten
Flächen, 105 S., 1982

43 W. Walter, Interaktive NC-Programmierung von Werkstücken mit gekrümmten
Flächen, 112 S., 1982

44 J. Huan, Bahnregelung zur Bahnerzeugung an numerisch gesteuerten
Werkzeugmaschinen, 95 S., 1982

45 H. Erne, Taktile Sensorführung für Handhabungseinrichtungen – Systematik und
Auslegung der Steuerungen, 111 S., 1982

46 D. Plasch, Numerische Steuersysteme – Standardisierte Softwareschnittstellen in
Mehrprozessor-Steuersystemen, 112 S., 1983

47 Z. L. Wang, NC-Programmierung – Maschinennaher Einsatz von fertigungstechnisch
orientierten Programmiersystemen, 103 S., 1983

48 J. Schwager, Diagnose steuerungsexterner Fehler an Fertigungseinrichtungen,
121 S., 1983

49 P. Klemm, Strukturierung von flexiblen Bediensystemen für numerische
Steuerungen, 113 S., 1984

50 W. Runge, Simulation des dynamischen Verhaltens elektrohydraulischer Schaltungen – Einsatz von geräteorientierten, universellen Simulationsbausteinen, 132 S., 1984

51 H. Steinhilber, Planung und Realisierung von Werkzeugversorgungssystemen für die NC-Bearbeitung, 126 S., 1984

52 R. Ohnheiser, Integrierte Erstellung numerischer Steuerdaten für flexible Fertigungssysteme, 115 S., 1984

53 M. Keppeler, Führungsgrößenerzeugung für numerisch bahngesteuerte Industrieroboter, 125 S., 1984

54 P. Kohler, Automatisiertes Messen mit NC-Werkzeugmaschinen, 129 S., 1985

55 K.-H. Rieger, Rechnerunterstützte Projektierung der Hardware und Software von Speicherprogrammierten Steuerungen, 123 S., 1985

56 G. Vogt, Digitale Regelung von Asynchronmotoren für numerisch gesteuerte Fertigungseinrichtungen, 126 S., 1985

57 S. Chmielnicki, Flexible Fertigungssysteme – Simulation der Prozesse als Hilfsmittel zur Planung und zum Test von Steuerprogrammen, 120 S., 1985

58 W. Renn, Struktur und Aufbau prozeßnaher Steuergeräte zur Verkettung in flexiblen Fertigungssystemen, 137 S., 1986

59 K. Harig, Quantisierung im Lageregelkreis numerisch gesteuerter Fertigungseinrichtungen, 113 S., 1986

60 H. Frank, Programmier- und Überwachungsfunktionen für teileartbezogene NC-Werkzeugmaschinen, 115 S., 1986

61 H. Möller, Integrierte Überwachungs- und Diagnose-Systeme für numerische Steuerungen, 131 S., 1986

62 H. Fink, Einsatz speicherprogrammierbarer Steuerungen in der Fertigungstechnik, 126 S., 1986

63 J. Fleckenstein, Zustandsgraphen für SPS – Grafikunterstützte Programmierung und steuerungsunabhängige Darstellung, 139 S., 1987

64 E. Wagner, Steuerungen von Koordinatenmeßgeräten mit schaltenden und messenden Tastsystemen, 133 S., 1987

65 W. Grimm, Diagnosesystem für steuerungsperiphere Fehler an Fertigungseinrichtungen, 143 S., 1987

66 W. Swoboda, Digitale Lageregelung für Maschinen mit schwach gedämpften schwingungsfähigen Bewegungsachsen, 141 S., 1987

67 G. Gruhler, Sensorgeführte Programmierung bahngesteuerter Industrieroboter, 119 S., 1987

68 B. Walker, Konfigurierbarer Funktionsblock Geometriedatenverarbeitung für numerische Steuerungen, 125 S., 1987

69 J. Mayer, Werkzeugorganisation für flexible Fertigungszellen und -systeme, 126 S., 198

70 R. Lederer, Programmierung von NC-Drehmaschinen mit mehreren Werkzeugschlitten, 120 S., 1988

71 G. Häberle, NC-Musterprogrammierung für die rechnerintegrierte Textilfertigung, 127 S., 1988

72 D. Pfeiffer, Kompensation thermisch bedingter Bearbeitungsfehler durch prozeßnahe Qualitätsregelung, 135 S., 1988

73 W. Schmidt, Grafikunterstütztes Simulationssystem für komplexe Bearbeitungsvorgänge in numerischen Steuerungen, 141 S., 1988

74 M. Egner, Hochdynamische Lageregelung mit elektrohydraulischen Antrieben, 147 S., 1988

75   W. Schittenhelm, Konfigurierbares Bedienungssystem für Steuerungen an Fertigungseinrichtungen, 136 S., 1988

76   D. Scheifele, Grafisch dynamische Simulation des Bearbeitungsvorgangs für
Doppelschlittendrehmaschinen, 121 S., 1988

77   G. Keuper, Automatisierte Identifikation der Streckenparameter servohydraulischer
Vorschubantriebe, 152 S., 1989

78   K.-H. Kayser, Kollisionserkennung in numerischen Steuerungen mit der Distanz-
feldmethode, 131 S., 1989

79   R. Viefhaus, Fräsergeometriekorrektur in Numerischen Steuerungen für das
fünfachsige Fräsen, 157 S., 1989

80   J. Zirbs, Fertigungsgerechte Aufbereitung von Flächenverbänden bei der NC-
Programmierung im Formenbau, 130 S., 1989

81   W. Ruoff, Optische Sensorsysteme zur On-line-Führung von Industrierobotern,
123 S., 1989

82   M. Jantzer, Bahnverhalten und Regelung fahrerloser Transportsysteme ohne
Spurbindung, 131 S., 1990

83   H. Schumacher, Einheitliche Programmierung von Automatisierungskomponenten
roboterbestückter Bearbeitungs- und Montagezellen, 116 S., 1991

84   J. Schimonyi, NC-Programmierung für das Werkzeugschleifen, 122 S., 1991

85   K.-H. Wurst, Flexible Robotersysteme – Konzeption und Realisierung modularer
Roboterkomponenten, 164 S., 1991

86   R. Hagl, Erhöhung der Verfügbarkeit von Vorschubantrieben mit selbstanpassender
Lageregelung, 126 S., 1991

87   G. Krebser, Betriebssystem für NC mit einheitlichen Schnittstellen, 130 S., 1992

88   W.-T. Lei, Flächenorientierte Steuerdatenaufbereitung für das fünfachsige Fräsen,
134 S., 1992

89   G. Diehl, Steuerungsperipheres Diagnosesystem für Fertigungseinrichtungen auf Basis
überwachungsgerechter Komponenten, 140 S., 1992

90   U. Nepustil, Offene NC-Schnittstellen zur Korrektur von Fertigungsfehlern, 133 S., 1992

91   M. Bauder, Konfigurierbare Robotersteuerung mit allgemeiner Transformation, 120 S., 1992

92   W. Philipp, Regelung mechanisch steifer Direktantriebe für Werkzeugmaschinen,
118 S., 1992

93   G. M. Härdtner, Wissensstrukturierung in Diagnoseexpertensystemen für Fertigungseinrichtungen, 135 S., 1992

94   H. Wiedmann, Objektorientierte Wissensrepräsentation für die modellbasierte Diagnose an
Fertigungseinrichtungen, 151 S., 1993

95   H. Rudloff, Hochgenaue Konturerzeugung bei Bewegungsachsen mit einer dominanten
mechanischen Resonanzstelle, 151 S., 1993

96   K. Brantner, Adaptierbares Leitsteuerungssystem für flexible Produktionssysteme,
142 S., 1993

97   W. Kugler, Kommunikationsmechanismen für offene Numerische Steuerungssysteme,
136 S., 1994

98   B. Schnurr, Elektrodynamisches Antriebssystem zur Unrundbearbeitung
175 S., 1994

99   J. Schneider, Fehlerreaktion mit Speicherprogrammierbaren Steuerungen – ein Beitrag
zur Fehlertoleranz, 117 S., 1994

100   U. Siewert, Systematische Erstellung adaptierbarer Leitsteuerungssoftware am Beispiel
der Durchsetzungsplanung, 155 S., 1994

101 G. F. J. Heger, Maschinenferner Qualitätsregelkreis in flexiblen Fertigungssystemen, 134 S., 1994

102 W. Hofmeister, Objektorientiert strukturiertes Programmiersystem für NC-Mehrschlitt maschinen, 113 S., 1994

103 A. Horn, Optische Sensorik zur Bahnführung von Industrierobotern mit hohen Bahngeschwindigkeiten, 132 S., 1994

104 U. Rentschler, Fehlertolerantes Präzisionsfügen, 128 S., 1995

105 G. Junghans, Modulares grafikunterstütztes Simulationssystem für Bearbeitungs- un Handhabungsvorgänge, 145 S., 1995

106 J. Heller, Sensorgestützte Bewegungserzeugung leitlinienloser Transportfahrzeuge, 123 S., 1995

107 E. Wieland, Anwendungsorientierte Programmierung für die robotergestützte Montac 137 S., 1995

108 G. Ketterer, Automatisierte Inbetriebnahme elektromechanischer, elastisch gekoppel Bewegungsachsen, 176 S., 1995

109 Th. Reibetanz, Situationsorientierte Bearbeitungsmodellierung zur NC-Programmieru 120 S., 1995

110 O. Frager, Durchgängige Programmierung von Fertigungszellen, 135 S., 1996

111 R. Ordenewitz, Betriebsweite Bereitotollung von Werkzeuginformationen, 144 S., 1996

112 C. Daniel, Dynamisches Konfigurieren von Steuerungssoftware für offene Systeme, 124 S., 1996

113 R. Angerbauer, Anwenderorientierte Programmierung fahrerloser Transportsysteme, 141 S., 1996